“四品一械”安全监管实务丛书

化妆品安全监管实务

主 编 朱 薇

中国医药科技出版社

内容提要

作为一本化妆品监管实务用书，本书以化妆品监管工作需要和对监管人员能力的要求为切入点，从基础知识、生产过程宏观认识、监管实务分析、重点法规解读等方面，介绍化妆品监管中的各类常用知识，帮助监管人员了解化妆品各环节监管的法律法规、监督手段和基本观点。

本书包含的有关法律法规、规程规范及标准，均为国家和行业最新标准，对于取消的相关规定和监管权限变更等问题均做出了准确的说明和解读，避免收入国家明令禁止使用和淘汰的工艺、材料、设备等。全书内容权威，文字简明，具有较强的理论性和实用性，可供化妆品监管人员，以及化妆品生产、经营从业人员随时查阅。

图书在版编目（CIP）数据

化妆品安全监管实务 / 朱薇主编 . —北京：中国医药科技出版社，2017.6
（“四品一械”安全监管实务丛书）
ISBN 978-7-5067-9183-0
Ⅰ.①化…　Ⅱ.①朱…　Ⅲ.①化妆品－安全管理－规范－中国　Ⅳ.① TQ658-65

中国版本图书馆 CIP 数据核字（2017）第 056959 号

美术编辑　陈君杞
版式设计　也　在

出版　中国医药科技出版社
地址　北京市海淀区文慧园北路甲 22 号
邮编　100082
电话　发行：010—62227427　邮购：010—62236938
网址　www.cmstp.com
规格　710×1000mm 1/16
印张　10 1/2
字数　178 千字
版次　2017 年 6 月第 1 版
印次　2017 年 6 月第 1 次印刷
印刷　三河市国英印务有限公司
经销　全国各地新华书店
书号　ISBN 978-7-5067-9183-0
定价　28.00 元

编 委 会

主　编　朱　薇

副主编　何开勇　刘晓锋

编　委（按姓氏笔画排序）

王　嫣　杨雅婷　邹　瑞　汪　杨

陈晓颙　周　伟　陶梅平　康顺吉

前　言

随着本轮食品药品监管体制改革逐步到位，化妆品监管职能统一到食品药品监管部门。各级内设机构中药品化妆品监管均同属一个部门，确立了用“四个最严”的监管理念和要求来严管化妆品的思路，预示着化妆品质量安全监管已经进入一个新的时期，这也对我们的化妆品监管能力提出了更高要求。

由于长期以来化妆品质量安全实行多头监管，且质量标准不统一，管理相对较为混乱。同时，化妆品产业发展不平衡，化妆品行业新产品、新技术更新快，是一个很容易产生监管空白、带来新安全隐患的行业。化妆品安全的形势与食品药品监管部门从事化妆品监管时间短、化妆品监管体系形成晚、法律法规体系不健全、监管队伍专业化水平整体不高、各地监管能力参差不齐的矛盾还比较突出。

为提升化妆品安全保障水平，国家食品药品监督管理总局正在大力推进化妆品监管立法工作，各地也在着力建立与化妆品安全监管需求相匹配的监管能力。此时，编写一本适用于系统内化妆品监管人员的工作用书非常重要和必要。

本书围绕化妆品质量安全，以普及监管人员化妆品监管常识为重点，紧密结合监管实际，解决监管问题，是一本知识面较宽、适用性较强的化妆品监管业务用书。在编写过程中，我们力图突出以下三个特点。

一是明确定位于业务指导用书，服务于化妆品监管系统内人员。

在普及化妆品安全知识的基础上，注重安全知识在监管工作中的应用，注重化妆品执法的解读，做到围绕化妆品监管这个关键词，精选本书重点内容。从做好化妆品监管要了解哪些化妆品的基础知识，掌握哪些主要法规，怎样监管，怎样应对突发事件等方面展开讨论，尽量做到内容全面、编排合理、表述严谨。

二是内容选择上突出务实性，兼顾专业性和基础性。本书主要读者是系统内人员，这个群体中既有化妆品监管人员，也有化妆品检测技术人员，还有非化妆品监管人员；既有政策制定者，也有一线监管者、综合管理者和技术监督者。因此，本书在内容的把握上，既注重突出指导化妆品监管工作实务，也兼顾了其他读者群体，做到专业性与基础性相兼顾，指导性与普及性相兼顾。做到了科学合理地编排化妆品监管的主要知识、基础知识，较好地把握了知识的全面性和内容深度，紧紧围绕指导化妆品监管工作、普及化妆品监管知识编写本书，少理论，多务实，体现了务实性要求。

三是编写形式上避免堆砌，力求把知识点说清讲透。一本好的务实性用书，要能够让读者感受实用性，而实用性体现仅仅靠准确定位、选准知识点是不够的。我们尽量减少知识点叠加式的编写方式，适当增加法规解读内容，力求通过有重点、有针对性的讲解，把知识点说清，把法规讲透，让读者在真实的情境中，了解化妆品安全知识、监管法规和监管程序，学会分析化妆品安全风险，学会如何开展化妆品监管工作，学会处理化妆品监管工作中的突发问题。

由于编写时间紧，疏漏之处在所难免。我们真诚地期望系统内的专家、读者多提宝贵意见，使本书更加科学、准确、可读、实用。

编　者

2017年2月

目

录

基础知识篇 / 1

监管实务篇　/　67

重点法规解读篇 / 147

基础知识篇

第一章　化妆品概论

第一节　化妆品基本知识

一、化妆品定义

随着生活水平的提高，化妆品已成为人们日常生活不可缺少的消费品。国际上对化妆品虽无统一定义，但各国颁布的化妆品法规中，其定义总体上较为相似，不同点主要在于化妆品的管理范围和分类。

1. 我国化妆品定义

我国现行《化妆品卫生监督条例》(卫生部 1989) 对化妆品作如下定义：化妆品是指以涂擦、喷洒或者其他类似的方法，散布于人体表面任何部位（皮肤、毛发、指甲、口唇等），以达到清洁、消除不良气味、护肤、美容和修饰目的的日用化学工业产品。

化妆品的定义主要明确了四方面内容：

（1）化妆品的使用方式是涂擦、喷洒或者其他类似的方法散布于人体表面。以口服、注射等方法达到美容目的的产品不属于化妆品范畴。

（2）化妆品的使用部位是人体表面任何部位，如皮肤、毛发、指甲、口唇等。化妆品不包括牙膏、漱口水等口腔用品。

（3）化妆品的使用目的是清洁、护肤、美容和修饰、消除不良气味等。化妆品不得用于预防和治疗疾病，且不允许在产品标签上标注“药妆”。

（4）化妆品的产品属性为日用化学工业品。

2. 欧盟化妆品定义

欧盟《化妆品规程》（Dir.76/768/EEC 2000 年）规定：化妆品是指以施用于人体表面（皮肤、毛发、指甲、口唇及外生殖器）或牙齿和口腔黏膜，以清洁、增香、改变外观、保护、保持其处于良好状态及修饰不良气味为目的的物质或混合物。

3. 美国化妆品定义

《联邦食品、药品和化妆品法》（1938，2009 年修订）规定：化妆品是预计以涂抹、喷洒、喷雾或其他方法使用于人体，能起到清洁、美化、增进魅力或改变外观目的的物品（含有碱性脂肪酸盐且未宣称清洁之外的功能的肥皂除外）。

4. 加拿大化妆品定义

《食品及药物法》（1985 年）规定：化妆品包括用于清洁、改善或改变面部外观、皮肤、头发或牙齿的外观而制造、销售或提供的任何物质或物质混合物，并且包括除臭剂和香精。

5. 日本化妆品定义

《药事法》（2005 年）规定：化妆品是为了清洁、美化人体、增加魅力、改变容貌，保持皮肤及头发健美而涂擦、散布于身体或用类似方法使用的产品。

6. 韩国化妆品定义

《化妆品法》（保健福利部，2008）规定：化妆品是指对人体有清洁、美化、增加魅力、修饰美容，以及维持或增加皮肤和毛发健康作用的产品，且对人体作用轻微。属于药事法第 2 条第 4 项的医药外品除外。

二、化妆品与药品

由于各国对药品、化妆品定义和分类规定不同，部分国家药品与化妆品存在“交集”。美国、英国、日本等国家，存在“药妆”的概念，主要指介于药品和美容品之间的产品。如去青春痘、去头屑系列产品，含氟牙膏，有助于睡眠的芳香油等。在我国化妆品与药品的在定义上有着严格的区分，并无“药妆”的概念。一些进口化妆品在国外或许是“药妆”产品，但在中国要么是药品，要么是化妆品，而我国的化妆品在国外或许被当作药品管理。

例如，在美国药品是指“以预计用于人或动物疾病的诊断，治疗，缓解，处理，或预防的物品”以及“影响人或动物机体结构或功能的物品”。因此，我国化妆品中的某些产品在美国是作为 OTC 管理的，需符合 OTC 的要求，如防晒产品、去屑产品等。

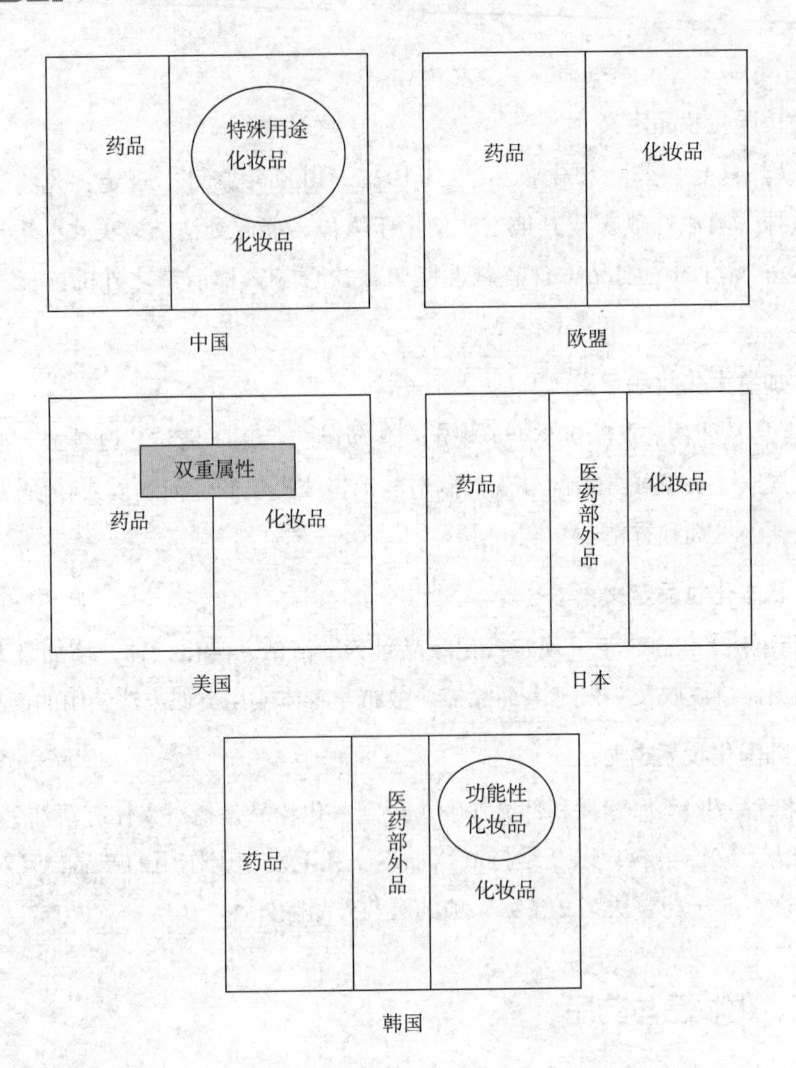

三、化妆品分类

化妆品种类繁多，品牌众多，功能各异，其分类方法也是各式各样。如：有的按产品使用目的和使用部位分类，有的按剂型分类，有的按生产工艺和配方特点分类等。

目前，食品药品监督管理部门在发放生产企业卫生许可证时，为了便于化妆品生产企业的管理，将化妆品分为液态类、半固态类、固态类、膏霜乳液类、气雾剂类、有机溶剂类、蜡基类、其他类 8 大类。

为加强化妆品安全管理，我国在化妆品行政许可时将化妆品分为特殊用途化妆品和非特殊用途化妆品两大类；为严格控制化妆品质量安全，《关于印发化妆品行政许可检验管理办法的通知》(国食药监许〔2010〕82号)对检测项目做了更详细的分类。

1. 特殊用途化妆品

根据我国《化妆品卫生监督条例》，特殊用途化妆品是指用于育发、染发、烫发、脱毛、美乳、健美、除臭、祛斑、防晒的化妆品。我国对特殊化妆品实行注册管理。《化妆品卫生监督条例实施细则》对特殊用途化妆品的定义如下。

(1) 育发化妆品：是指有助于毛发生长，减少脱发和断发的化妆品。

(2) 染发化妆品：是指具有改变头发颜色作用的化妆品。

(3) 烫发化妆品：是指具有改变头发弯曲度并维持相对稳定作用的化妆品。

(4) 脱毛化妆品：是指具有减少、消除体毛作用的化妆品。

(5) 美乳化妆品：是指有助于乳房健美的化妆品。

(6) 健美化妆品：是指有助于使体形健美的化妆品。

(7) 除臭化妆品：是指有助于消除腋臭的化妆品。

(8) 祛斑化妆品：是指用于减轻皮肤表皮色素沉着的化妆品。

(9) 防晒化妆品：是指具有吸收紫外线作用、减轻因日晒引起皮肤损伤功能的化妆品。

2. 非特殊用途化妆品

根据《化妆品行政许可检验管理办法》(国食药监许〔2010〕82号)，将非特殊用途化妆品分为以下几类。我国对非特殊化妆品实行备案管理。

(1) 发用品：发用品包括一般发用产品和易触及眼睛的发用产品。一般发用产品通常指的是发油类、发蜡类、发乳类、发露类、发浆类化妆品；易触及眼睛的发用产品指的是洗发类、润丝(护发素)类、喷发胶类、暂时喷涂发彩(非染型)等。

(2) 护肤品：护肤品包括一般护肤产品和易触及眼睛产品。一般护肤产品通常指的是护肤膏霜类、护肤乳液、护肤油类、护肤化妆水、爽身类、沐浴类；易触及眼睛产品指的是眼周护肤类、面膜类、洗面类等。

(3) 彩妆品：彩妆品包括一般彩妆品、眼部彩妆品、护唇及唇部彩妆品。一般彩妆品指的是粉底类、粉饼类、胭脂类；眼部彩妆品指的是描眉类、眼影类、眼睑类、睫毛类、眼部彩妆卸除剂；护唇及唇部彩妆品指的是护唇膏类、亮唇油类、着色唇膏类、唇线笔等。

(4) 指(趾)甲用品：指(趾)甲用品包括修护类、涂彩类等。

（5）芳香品：芳香品包括香水类、古龙水类、花露水类化妆品等。

四、化妆品品质特性

1. 安全性

化妆品是人们经常使用的日常生活用品，对其安全性要求居首要地位。欧盟理事会指令76/768/EEC的条款2中规定，在正常或合理可预见使用条件下进行使用时，化妆品不得对人体健康造成损害。化妆品的使用与外用药物不同，外用药物是在医师指导下使用，允许有一定的副作用，但化妆品是一般不需要医师指导的长期使用产品，并可能长时间停留在皮肤、面部、毛发等部位上，所以在正常以及合理的、可预见的使用条件下，化妆品不得对人体健康产生危害。

2. 稳定性

化妆品的稳定性是指在规定的存储条件和保质期内保持质量稳定。例如，有些化妆品属于胶体分散体系，该体系始终存在着分散与聚集两种状态的动态平衡。尽管体系中存在稳定剂，但在本质上是热力学不稳定系统，只能在一定时间内稳定，所以化妆品的稳定性是相对的。

3. 有用性

化妆品的有用性主要依赖于其中的活性成分和构成配方主体的基质的效果。化妆品通过柔和的方式，达到有助于保持体表各部位正常的生理功能，以及清洁、美化、去异味等作用，如我们所熟知的育发、染发、防晒、保湿、美白等。

第二节　化妆品行业发展

一、化妆品行业发展现状

伴随着我国经济持续快速增长，化妆品行业成为我国国民经济中发展最快的行业之一，据有关机构调查显示，我国化妆品市场销售额仅次于美国，已成为全球第二大化妆品市场。

目前，我国化妆品及相关行业从业人员人数超过千万，化妆品生产和消费均呈现快速发展的趋势。据统计，2011 年至 2015 年，国内化妆品的销售额从约 1700 亿元人民币增长至约 4800 亿人民币。按 2011~2015 年人口计算，我国人均化妆品消费额从不到 170 元增长到 350 多元，成为仅次于美国的世界第二大化妆品消费市场。

我国化妆品生产企业数量也在不断增长，上市的化妆品品种已达数十万种，基本适应了不同消费群体和不同消费层次的需求。化妆品的经营方式已从原来商店零售的单一业态发展为商场、超市、批发市场、美容院、宾馆饭店、洗浴场所、电子商务等多种形式。2015 年，我国化妆品网购交易规模达到 1760 多亿元，网购交易持续增长的势头迅猛。

目前，化妆品已成为美化人们生活、保护身心健康必须的日用生活消费品。随着我国国民经济的发展和人民生活水平的逐步提高，化妆品消费增长进一步拉动了化妆品生产的快速发展。与此同时，化妆品监管的统一和加强，进一步规范了化妆品行业的生产经营行为，从总体上提升了化妆品的质量。但是，影响化妆品安全的问题依然存在。特别是我国化妆品企业多为中小企业，生产规模小，品牌产品少，产品集中度低，“多、小、散、乱、低”总是没有得到很好的解决；研发投入不足，创新能力较弱，技术水平不高，缺乏核心竞争力；企业责任意识淡薄，质量管理体系不完善，从业人员素质较低，规范化、标准化程度有待进一步提高。影响我国化妆品安全的主要问题体现为以下几个方面。

（1）从质量安全状况来看，假冒伪劣现象时有发生，原料质量控制措施相对缺失，产品质量安全控制水平不高。部分企业擅自更改备案内容或批准内容，非法添加禁用物质和超量超范围使用限用物质的情况依然存在，尤其是美白、祛痘、抗皱类化妆品违法添加问题突出，给化妆品的使用带来了安全隐患。

（2）从生产经营秩序来看，生产企业原料把关不严、生产规范执行不力、委托加工管理不规范、经营企业索证索票和进货验查制度执行不到位等问题突出。个别企业自律意识不强，诚信意识较差，不按备案或批准的配方工艺组织生产。极少数企业甚至利用不法手段坑害消费者，缺乏基本职业道德和操守。

二、化妆品行业发展趋势

化妆品的发展取决于新技术和新原料的开发和应用。新技术主要表现在新的生产技术、先进的装备和管理方式。生产技术主要取决于配方，配方取决于原料的质量和新原料的开发；产品品种的改变和增加同样取决于原料的拓宽和新技术的发展；当然，对皮肤科学研究成果的应用也是化妆品发展的基础。以生命科学为基础的生物新原料的研究和应用、植物资源（包括中草药）新原料的研究、功效性化妆品以及化妆品功效评价，都是今后化妆品发展的基础和趋势。

总的来说，今后化妆品的发展趋势主要表现在以下几个方面。

1. 趋向生物化

生物技术的发展对化妆品工业起到了极大的促进作用。以生物学为基础的现代皮肤生理学逐步揭示了皮肤受损和衰老的生物化学过程，使人类可以利用仿生的方法，设计和制造生物技术制剂，生产有效的抗衰老产品，延缓和抑制引起衰老的生化过程，恢复或加速保持皮肤健康的生化过程，引起对传统皮肤保护概念的方法的突破。从传统的油膜和保持皮肤水分、着重于物理作用的护肤方法，发展到利用细胞间的脂质等与生物体中新陈代谢相关的母体、中间体和最终产物具有相同结构的天然或合成物质以保持皮肤的健康状态。这些仿生方法开始成为发展高功能化妆品的主要方向，推动了化妆品工业的发展。生物型化妆品是21世纪化妆品开发的主攻方向。

2. 赋予功能化

人们的美容观念随着时代的进步而发生着变化，已由“色彩美容”转向健康美容，要求化妆品在确保安全性的前提下，力求能在皮肤细胞的新陈代谢、保持皮肤生机、延缓衰老等方面取得效果，使化妆品具有一定的疗效性，如保湿、美白、防晒、抗衰老等。顾客对功效性化妆品的渴求和苛求，推动了化妆品的功效评价研究。这项研究有利于指导开发具有明确功效的化妆品，规范功效化妆品的商业宣传，保护消费者的权益。

3. 回归天然性

现代化妆品顺应“回归自然”的世界潮流，尽可能选用无毒、具有疗效和营养的天然物质为原料，以减少或消除含有化学物质的化妆品对皮肤的副作用。化妆品原料经历了由天然物向合成品，继而又从合成品向天然物的二次转变。但现代的天然化妆品并不是简单的复旧，而是通过精细化工、生物化工技术、将具有独特功能和生物活性的化合物，从天然原料中提取、分离，再经纯化和改性，并通过和化妆品其他原料的合理配用制得。调制技术的研究和提高，已使现代天然化妆品的性状大为改观，不仅具有较好的稳定性和安全性，其使用性能、营养性和疗效性亦有明显提高，在世界范围内已开始进入一个崭新的发展阶段。

4. 应用高科技

高科技为化妆品的生物化和功能化提供了切实保证。如通过人体皮肤衰老机制的研究，建立人体老化模型，从而研制出抗衰有效成分；中草药有效成分的鉴别、分离、提取技术，可以使化妆品原料进一步去除过敏源，使有效成分更好地发挥作用；超微乳化技术、多相乳化技术、脂质体技术、微胶囊、纳米技术等在化妆品中的应用，可以开发出易于人体吸收的高质量化妆品。发展中的化妆品工业，不是简单复配的物理混合，完全是一个多学科交叉的高科技产业。

第二章　化妆品生产经营概述

第一节　化妆品原料

化妆品原料是指化妆品配方中使用的成分，化妆品原料的选择直接影响化妆品的安全。目前已经使用了的化妆品原料很多，其分类方法没有统一的标准。为加强原料的监督管理，国家食品药品监督管理局对我国上市化妆品已使用原料进行了收集和梳理，并于 2011 年 12 月公布了《已使用化妆品原料名称目录（第一批）》，共公布了 1710 种已使用化妆品原料的中文名称、国际化妆品原料命名（INCI）以及使用限量。2013 年，2014 年，2015 年国家食品药品监督管理总局又对目录进行了修订,《已使用化妆品原料名称目录（2015 版）》共公布化妆品原料 8783 种（里面有的原料是规范规定的禁用组分）。

我国对化妆品原料实行目录管理，包括：禁用原料目录、限用原料目录和准用原料目录。

禁用组分指不得作为化妆品原料使用的物质。《化妆品安全技术规范》共列化妆品禁用组分 1388 种（类）。

限用组分指在限定条件下可作为化妆品原料使用的物质。《化妆品安全技术规范》共列限用组分 47 种（类）。

准用组分指允许作为化妆品原料使用的物质。《化妆品安全技术规范》列准用防腐剂 51 种、准用防晒剂 27 种、准用着色剂 157 种和准用染发剂 74 种，还有其他允许用于染发产品的着色剂。

一、一般化妆品原料

一般化妆品原料根据其结构及功能，大致分为油性原料、表面活性剂、溶剂、粉质原料、高分子聚合物以及其他添加剂。

（一）油性原料

油性原料是指能够溶解在油相里的化妆品中原料。油性原料在护肤产品中作为润肤剂，具有补充油分、改善肤感、润护皮肤等作用，在护肤产品中起着非常重要的作用。理想的油性原料应气味小、颜色浅，不易氧化、酸败。

根据在室温下状态的不同，油性原料可以分为油、脂、蜡。油在室温下呈液态，蜡在室温下呈固状，脂在室温下呈半固状。根据来源不同，油性原料可以分为天然油性原料、矿物油性原料、半合成油性原料以及合成油性原料。

1. 天然油性原料

天然油性原料与皮肤相容性好，容易被皮肤吸收，对皮肤的滋润性好，但它也同时存在着一个缺点，就是容易被氧化，氧化后会促使化妆品变色，使其刺激性增大。根据来源，天然油性原料可以分为植物油性原料和动物油性原料。植物油性原料常用的有橄榄油、鳄梨油、花生油、蓖麻油、霍霍巴油、乳木果油、月见草油、澳洲胡桃油、巴西棕榈蜡等。动物油性原料有天然角鲨烯、羊毛脂、蜂蜡等。

2. 矿物油性原料

矿物油性原料稳定性好、价格便宜，但是不能被皮肤吸收。常用的有矿油、矿脂（凡士林）、石蜡等。

3. 半合成油性原料

半合成油性原料是天然油性原料的化学改性物。常见的有羊毛醇、乙酰化羊毛脂、鲸蜡醇等。

4. 合成油性原料

合成油性原料用途很广泛。优质的合成油性原料也应该是无色的。根据结构可以分为酯类、硅油类和烃类等。常用的酯类有棕榈酸异丙酯、辛酸/癸酸甘油三酯；硅油类有聚二甲基硅氧烷、环聚二甲基硅氧烷；烃类有合成角鲨烷、异构二十烷等。

（二）表面活性剂

表面活性剂是同时具有亲水基和亲油基两个基团、能够有效降低界面张力的具有表面活性的一类化合物。在化妆品中主要用作清洁剂、乳化剂和增溶剂等。根据离子类型的不同，表面活性剂可分为阴离子表面活性剂、阳离子表面活性剂、非离子表面活性剂以及两性表面活性剂。

1. 清洁剂

清洁剂是通过润湿皮肤表面，乳化或溶解体表的油脂，使体表的污垢悬浮于其中以达到清洁作用的物质，常用于洗发液、沐浴液、洗面奶等洗涤类化妆品。理想的清洁剂要求泡沫丰富，脱脂力适中，刺激性低。

化妆品用清洁剂主要以阴离子表面活性剂为主，两性表面活性剂和非离子表面活性剂也可以作为清洁剂使用。常用的阴离子表面活性剂有月桂醇硫酸酯钠、月桂醇聚醚硫酸酯钠、月桂醇聚醚硫酸铵等。

2. 乳化剂

乳化剂是指能将互不相溶的液体之一均匀分散到另一液体当中形成分散体的一类表面活性剂。它能降低液滴的表面张力，在已经乳化的微粒表面形成复杂的膜并在乳化的颗粒之间建立相互排斥的屏障，以阻止它们的合并或联合。在润肤膏霜或乳液中，同时存在不相容的油相和水相，乳化剂的存在能够使油相以微小的粒子存在于水相中形成水包油型（O/W）乳化体。也可以使水相以微小的粒子存在于油相中形成油包水型（W/O）乳化体。

乳化剂一般以非离子表面活性剂与阴离子表面活性剂为主，常用的有硬脂醇聚醚 –6、硬脂醇聚醚 –25、甘油硬脂酸酯、月桂醇硫酸酯钠等。

3. 增溶剂

增溶剂是促使原本不溶的物质溶解在某种溶剂中的表面活性剂。在水溶性透明啫喱中，一般需要加入少量不溶于水的润肤剂、香精等原料，为得到透明的啫喱产品，需要在配方中加入增溶剂。增溶剂一般是 HLB 值较大的非离子表面活性剂，如 PEG–40 氢化蓖麻油、PEG–60 氢化蓖麻油等。

（三）溶剂

溶剂是化妆品中用途最为广泛的原料之一。最常用的溶剂是水，另外还有乙醇、乙酸乙酯、甲苯等。

水是一种价格低廉且性能优良的溶剂。化妆品用水要求是去离子水，且不允许有微生物的存在。否则可能使化妆品产生变色，氧化，产品变稀甚至分层。

乙醇，俗称酒精，无色透明、易挥发、易燃烧、有酒的气味。乙醇是一种优良的溶剂，能溶解部分油脂、着色剂、香精和植物成分等多种原料，并可与水混溶。乙醇在体积分数为 70% 以上时，对于细菌具有强烈的杀伤作用，可以作为杀菌剂。同时乙醇对皮肤具有一定的刺激性，可能引起某些消费者过敏。

乙酸乙酯、甲苯均为无色液体，作为溶剂一般用于指甲油中。它们易燃易爆，贮存时应该远离火源；对皮肤和黏膜的刺激性较大，可能引起某些消费者过敏。

（四）粉质原料

粉质原料在化妆品中可以用作磨砂剂、填充剂、着色剂等。

1. 磨砂剂

指在清洁产品基质中加入的粒径大小均匀的一类耐磨性粉体，它主要是通过摩擦作用来去除皮肤表面污垢及部分即将脱落的角质细胞。磨砂剂加入到洁面产品中，可以制成磨砂洁面膏。常用的磨砂剂有天然的二氧化硅、胡桃壳粉、纤维素等，以及合成的聚乙烯、尼龙粉等。理想的磨砂剂外形呈规则球形，安全、对皮肤无刺激，具有较好的配伍性。

2. 填充剂

填充剂是化学惰性物质，主要用来稀释颜料，也可用来增加化妆品的体积。常用的填充剂有云母、高岭土、碳酸钙等。理想的填充剂要求粉质均匀细腻、无杂质及黑点、对皮肤安全无刺激。

（五）高分子聚合物

高分子聚合物是指由许多相同的、简单的结构单元通过共价键重复连接而成的高分子量化合物。

1. 高分子聚合物的分类

在化妆品中使用的高分子聚合物一般都是水溶性聚合物，可分为有机天然聚合物、有机半合成聚合物、有机合成聚合物和无机聚合物四大类型。

（1）有机天然聚合物：是以植物或动物为原料，通过物理过程或物理化学方法提取而得。常见的有水解蛋白、植物蛋白、透明质酸、瓜尔胶和海藻酸盐等。

（2）有机半合成聚合物：是由天然物质经化学改性而得的，主要有改性纤维素类和改性淀粉类两大类型。其中常用的改性纤维素类有羧甲基纤维素、羟乙基纤维素、羟丙基纤维素；常用的改性淀粉有辛基淀粉琥珀酸铝等。这类半天然化合物兼有天然化合物和合成化合物的优点，产量很大，具有广泛的应用市场。

（3）有机合成聚合物：由低分子化学物质聚合而成，增稠效率高，批次稳定性好。常见的有聚乙二醇类、聚乙烯吡咯烷酮、卡波姆、聚丙烯酰胺等。

（4）无机聚合物：包括天然和合成聚合物，这类化合物实质上是一类无机胶体，在水中能形成胶态悬浮液。品种主要包括膨润土和改性膨润土、水辉石、改性水辉石和硅酸铝镁等。

2. 高分子聚合物在化妆品中的作用

高分子聚合物在化妆品中可以用作黏度增加剂、悬浮剂、成膜剂、黏合剂及头发调理剂等。

（1）黏度增加剂：黏度增加剂也叫增稠剂，可使水溶液体系变稠，被广泛地用于香波、洗涤用品和各种乳液中以增加产品的黏度。常用的有羧甲基纤维素钠、羟乙基纤维素、卡波姆等。

（2）悬浮剂：悬浮剂是用来使不能溶解的固体物在液相中均匀分布形成悬浮液的物质。常见的有汉生胶、卡波姆等高分子聚合物。

（3）成膜剂：成膜剂是一种能在皮肤或毛发表面形成一层树脂薄膜的高分子聚合物。对发用定型产品来说，一般高分子聚合物的分子量越高，其定型效果越好。常见的有聚乙烯吡咯烷酮、N-乙烯吡咯烷酮、醋酸乙烯酯共聚物等。

（4）黏合剂：黏合剂是能使固体粉末黏合在一起的物质。主要用于粉饼、眼影等粉类化妆品。常用的有羧甲基纤维素钠。

（5）头发调理剂：头发调理剂是可以使头发柔顺、消除静电、增加梳理效果的原料，这些效果还包括增加头发光泽、改进受损发质等。常用的头发调理剂有阳离子瓜尔胶、聚季铵盐和聚二甲基硅氧烷等。

理想的高分子聚合物应该易溶于水和溶剂，与其他化妆品原料配伍性好，稳定，安全。

（六）其他添加剂

其他添加剂包括保湿剂、推进剂、酸度调节剂、珠光剂、抗氧化剂、络合剂、祛斑剂、收敛剂、抑汗剂、香精等。

1. 保湿剂

保湿剂是具有一定吸湿功能、可以增加皮肤角质层水分含量的原料。保湿剂一般可以分为多元醇类保湿剂和天然保湿剂。多元醇类保湿剂具有多个醇羟基结构，挥发性低，吸湿性强。常见的有丙二醇、甘油、丁二醇、山梨醇等。

天然保湿剂是存在于生物体内可以起保湿作用的物质。常见的有透明质酸、乳酸钠、吡咯烷酮羧酸钠、胶原蛋白等。

2. 推进剂

推进剂是能使存在于加压密封容器中的产品释放出来的化学原料，是一些在一定压力下能够液化的气体。目前使用广泛的是提纯的液化石油气，其主要成分是丙烷、丁烷和异丁烷。

3. pH 值调节剂

pH 值调节剂是能调节、控制化妆品终产品 pH 值的化学物质，如酸、碱以及缓冲剂。大多数化妆品的 pH 值范围为 4.0 ~ 8.5，部分化妆品原料呈更强的酸性或碱性，都需要用 pH 值调节剂使化妆品的 pH 值达到规定值。常用的 pH 值调节剂有柠檬酸、乳酸、氢氧化钾、氢氧化钠、磷酸氢二钠、硼砂、氨水、三乙醇胺等。

4. 珠光剂

珠光剂是使产品看起来有珍珠光泽的一类原料。珠光是由具有高折光指数的细微薄片平行排列而产生的。这些细微薄片是透明的，仅能反射部分入射光，传导和透射剩余光线至细微薄片的下面，众多细微薄片同时对光线产生反射就产生了珠光。

常用珠光剂有乙二醇单硬脂酸酯和乙二醇双硬脂酸酯等。

5. 抗氧化剂

抗氧化剂是能够阻止或延缓产品氧化变质的物质。由于化妆品中的基质原料是油脂，其不饱和键很容易氧化而发生酸败，因此需要加入抗氧化剂。抗氧化剂有两种作用，一是阻止易酸败的物质吸收氧，二是自身被氧化而防止油脂氧化。

理想的抗氧化剂应该安全无毒，稳定性好，与其他原料配伍性好，低用量就具有较强的抗氧化作用。

化妆品中的抗氧化剂根据化学结构的不同大体上可以分为五类：酚类、胺类、有机酸、醇类、无机酸及其盐类。常用的抗氧化剂有生育酚（维生素 E）、丁羟茴醚（BHA）及丁羟甲苯（BHT）等。

6. 络合剂

络合剂能够与金属离子形成络合物以消除金属离子对产品的稳定性或外观的不良影响。钙、镁离子与很多种原料不相容，可使透明类化妆品透明度降低甚至变浑浊，也可使洗发液等产品变稀甚至发生沉淀。而铁、铜等离子可以加速化妆品氧化，使产品变色及变味等。络合剂与这些金属离子结合使它们失去活性。常用络合剂有 EDTA 二钠和 EDTA 四钠等。

7. 祛斑剂

祛斑剂是减少黑色素合成或预防色素沉着而使皮肤变白的原料。常见的有熊果苷、曲酸及其衍生物、维生素 C 及其衍生物等。

8. 收敛剂

收敛剂是能使皮肤毛孔收缩的一类物质，常用于化妆水和抑汗产品。收敛剂可分为有机酸或有机酸的金属盐、低相对分子量的有机酸和低碳醇三类。金属盐类收敛剂主要有苯酚磺酸锌、碱式氯化铝等；有机酸收敛剂主要有柠檬酸、乳酸、酒石酸、琥珀酸等；低碳醇主要有乙醇和异丙醇等。其中金属盐类收敛剂可能对黏膜有一定的刺激性，如苯酚磺酸锌属于限用物质。

9. 芳香剂

芳香剂是仅用来为化妆品传递气味的一种或几种天然或合成的物质。常用的芳香剂是香精。

香精是一种由两种以上乃至几十种或上百种香料（天然香料和人造香料），通过一定的调香技术配制成的，具有一定香型、香韵的混合物。香精又称调合香料。香精含有挥发性不同的香气组分，构成其香型和香韵等差别。一些香料对皮肤和黏膜有一定的刺激，易引起皮肤过敏。因此，有些香料，如双香豆素，被列为化妆品的禁用物质。理想的化妆品用香精要求无刺激，不致敏。

二、特殊用途化妆品原料

特殊用途化妆品原料对皮肤都有一定的刺激或毒性，其适用范围及用量受到《化妆品安全技术规范》的限制。特殊用途化妆品原料包括一般限用物、防腐剂、防晒剂、着色剂、头发着色剂。其中，一般限用物包括去头屑剂、化学脱毛剂、角质剥脱剂等。

1. 防腐剂

防腐剂是指可以抑制产品中微生物生长的物质。在化妆品生产和使用的过程中，会不可避免地混入一些微生物。受微生物污染的产品可能会出现混浊、沉淀、变色及变味等现象。在化妆品中，防腐剂用来保护产品，使产品免受微生物污染，延长产品的货架寿命。一般防腐剂对人体有一定刺激性，易引起化妆品导致的过敏性皮炎，属于限用类化妆品原料，在我国获准使用的防腐剂有56种。每种获准使用的防腐剂都规定了最大允许使用浓度，有的防腐剂还规定了使用范围或限制条件。

理想的防腐剂要求：无色、无臭；低浓度下起作用；具有广谱抗菌活性；化妆品原料相容性好；在较大pH范围内均有活性；对人体和环境安全。

常用防腐剂有对羟基苯甲酸及其酯类、甲基异噻唑啉酮、咪唑烷基脲、苯氧乙醇、水杨酸及其盐类、戊二醛等。

2. 防晒剂

防晒剂是具有吸收或阻挡紫外线作用的原料。根据防晒原理，防晒剂可分为物理防晒剂和化学防晒剂。物理防晒剂又叫紫外线屏蔽剂，主要通过自身散射或折射作用，防止紫外线晒伤皮肤，多以无机粉质为原料。常用的有二氧化钛、氧化锌等。化学防晒剂又叫紫外线吸收剂，是以热能或其他无害能量形式释放已吸收的紫外线能量，以达到防晒目的化学产品。常用的有水杨酸辛酯、甲氧基肉桂酸乙基已酯、二苯甲酮-3、3-亚苄基樟脑及乙基已基三嗪酮等。

防晒剂易引起皮肤过敏，包括接触致敏和光致敏，属于限用物质。我国目前允许使用的防晒剂只有28种。理想的紫外线吸收剂应该能吸收所有波长的紫外线辐射，光稳定性好，无毒不致敏，无臭，与其他化妆品原料配伍性好。

3. 着色剂

着色剂是指能改变化妆品自身颜色或皮肤颜色的原料，也叫色素。根据溶解性的不同，着色剂可以分为染料、颜料以及色淀等。染料是能溶于水或有机溶剂，使溶液着色的化合物。根据溶解性的不同分为水溶性染料和油溶性染料。根据来源的不同可以分为天然染料和合成染料。颜料是不能溶于溶剂，通过分散在基质原料中使产品着色的化合物。常见的有二氧化钛、氧化锌、氧化铁、珠光颜料等。色淀是色素的不溶性盐。

理想的着色剂要求安全无刺激，无异味，对光和热稳定性好，低用量即起作用，与其他原料配伍性好。着色剂可能对皮肤或黏膜有一定的刺激，属于限用原料，我国目前允许使用的限用着色剂有156种。

4. 染发剂

能使头发自身颜色改变的原料。根据头发被染色后颜色延续时间的长短可以分为永久性染发剂、半永久性染发剂、暂时性染发剂三类。有些染发剂对皮肤有一定的刺激性，包括头发损伤、刺激头发、荨麻疹等，个别染发剂甚至还有潜在的致癌作用。染发剂属于限用物质，我国目前允许使用的染发剂有93种。

（1）暂时性染发剂：通常由色素组成。由于颗粒较大不能通过毛发表面进入发干，只附着在发干表面，形成着色覆盖层。染剂与头发的相互作用不强，易被香波一次洗去。

（2）半永久性染发剂：有效成分为小分子合成染料（即直接染料），多含有硝苯胺类衍生物，可渗透到角毛干质层及更深的髓质层，对发质损伤较小，可保持发色数周，不宜用水脱洗。

（3）永久性氧化型染发剂：染料前体经氧化生成染料终产物后对毛发进行染色。有效成分为胺类或酚类化合物，染发后基本不褪色，效果最好，是染发剂市场中的主要产品。

5. 去头屑剂

去头屑剂是指具有抑菌功能、从而减少或去除头屑的化妆品原料。头皮屑产生是微生物大量繁殖引起头皮瘙痒，加速表皮细胞的异常增殖引起的。因此抑制细胞角化速度，从而降低表皮新陈代谢的速度和杀菌是防治头屑的主要途径。常用的去屑剂有吡硫鎓锌、水杨酸等。去屑剂对皮肤有一定的刺激性，属于限用物质。理想的去屑剂要求安全、无刺激、与其他化妆品原料的配伍性好。

6. 化学脱毛剂

具有切断毛发的二硫键进而使体毛去除的化妆品原料称为化学脱毛剂，主要有硫化钠、硫化钙、巯基乙酸钙等，它们对皮肤有一定刺激，属于限用物质。

7. 角质剥脱剂

角质剥脱剂是能促使或加速去除皮肤表面角质化细胞的原料。主要原料有羟基酸及其盐类和酯类。

三、天然化妆品原料

天然化妆品原料主要包括植物提取物和动物提取物等。

1. 植物提取物

植物提取物指将植物经过一定的加工、提取过程得到的浓缩物，一般为混合物。从外观看大部分为含有一定溶剂的液体，也有的为粉末状或膏状。植物提取物的作用很多，如：抗氧化、舒缓、保湿、抗衰老等，在化妆品中应用很广泛。常见的植物提取物有人参提取液、当归提取液、芦荟提取液、葡萄籽提取液、银杏提取液、红花提取液等。当然，有些植物毒性很大，如白芷等，属于化妆品禁用物质，不能用于化妆品。

2. 动物提取物

动物提取物是指以动物器官某一部位或整个动物为原料，经提取加工而制得的物质。常见的动物提取物有蚕丝提取物、蜂胶、珍珠粉、透明质酸等。

第二节　化妆品配方与生产工艺

根据生产工艺和形态的不同，化妆品可分为液态类、半固态类、固态类、膏霜乳液类、气雾剂类、有机溶剂类、蜡基类、其他类等八大类。

一、液态类化妆品

液态类化妆品是指非乳化的液态产品。如：化妆水、啫喱水、润肤油、发油、卸妆油、洗发液、沐浴液、冷烫液等。

1. 洗发液

洗发液又名香波，是清洁头发和头皮用的化妆品。目前的“二合一”香波不但能清除头发污垢和头皮屑，而且能赋予头发良好的梳理性，使头发不飘拂，并有柔软和润滑的感觉。洗发液的主要成分有水、清洁剂、增稠剂、调理剂、珠光剂、络合剂、着色剂、酸度调节剂、香精、防腐剂。理想的洗发液应具有良好的起泡性，适当的脱脂力，良好的湿梳和干梳性，不刺激眼睛。洗发液常见质量问题是黏度发生变化，珠光消失或变粗，变色及变味等。其参考配方见表 2–1。

表 2–1　洗发液的参考配方

原料	质量分数 %	原料	质量分数 %
水	72.09	聚季铵盐 -10	0.30
月桂醇醚硫酸钠盐	12.00	香精	0.20
月桂醇硫酸酯钠盐	6.00	氯化钠	0.20
椰油酰胺丙基甜菜碱	5.00	EDTA 二钠	0.10
乙二醇硬脂酸酯	2.00	柠檬酸	0.10
椰油基二乙醇酰胺	2.00	甲基异噻唑啉酮	0.01

洗发液的生产工艺流程如下：

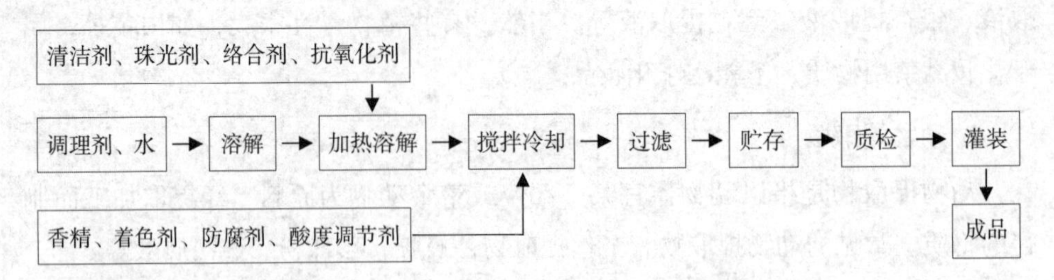

其中，加热溶解环节很重要，须保证调理剂水溶液与表面活性剂、珠光剂等混合物溶解好。否则，产品的黏度及泡沫降低，珠光效果变差。

2. 沐浴液

沐浴液是人们沐浴时使用的一种洁肤产品。以往人们沐浴时使用的大多是肥皂、香皂等，皂类产品有较强的去污力和清洗作用，但它们呈碱性会使皮肤深度脱脂、干燥、无光泽。沐浴液可以克服皂类给皮肤带来的诸多不适，在温和清洁皮肤的同时滋润皮肤。理想的沐浴液要求泡沫丰富，温和不刺激眼睛，清洁能力适中，香气宜人等。

沐浴液的主要原料有水、主要表面活性剂、辅助表面活性剂、酸度调节剂、黏度调节剂及珠光剂等。常见质量问题有黏度发生变化，珠光消失或变粗，分层，变色及变味等。表面活性剂型沐浴液的生产工艺与洗发液相似，其参考配方见表 2-2。

表 2-2　表面活性剂型沐浴液的参考配方

原料	质量分数 %	原料	质量分数 %
水	76.04	聚季铵盐 -10	0.2
聚山梨醇酯 20	12.0	EDTA 二钠	0.1
PEG -80 失水山梨醇月桂酸酯	5.0	氯化钠	0.2
月桂酰肌氨酸钠	5.0	香精	0.2
丙二醇	1.0	甲基异噻唑啉酮	0.01
薄荷醇	0.25		

3. 洗面奶

洗面奶是面部清洁用的化妆品。洗面奶的主要原料有水、脂肪酸皂、表面活性剂及保湿剂等。根据洗面奶产品主要成分的不同，可以分为表面活性剂型、皂基型两类。理想的洗面奶要求温和、不刺激眼睛，泡沫丰富细腻，外观漂亮，香气宜人等。常见质量问题有黏度发生变化，珠光消失或变粗，变色及变味等。表面活性剂型洗面奶的生产工艺与洗发液相似，其参考配方见表2-3。

表2-3　表面活性剂型洗面奶的参考配方

原料	质量分数%	原料	质量分数%
水	72.5	羟乙基纤维素	0.5
十一烷基葡糖苷	15.0	柠檬酸	0.1
月桂酰肌氨酸铵	5.0	香精	0.2
椰油酰胺丙基甜菜碱	5.0	咪唑烷基脲	0.2
乙二醇硬脂酸酯	1.5		

4. 化妆水

化妆水是一种水溶性液体产品，具有保湿，滋润，柔软，清洁，调整面部水分和油分，平衡皮肤的pH值等多种作用。使用时一般是在面部皮肤清洗干净之后，给皮肤补充水分，调节皮肤油水平衡等。与膏霜相比，它比较清爽，不会在皮肤上形成油性薄膜。根据产品功效的不同，化妆水一般分为清洁化妆水、柔软化妆水和收敛化妆水等。

（1）清洁化妆水：清洁化妆水，亦称洁肤水，是用于清洁皮肤和卸除淡妆的化妆水。但其清洁能力比洗面奶和卸妆油要弱。其主要原料有溶剂、保湿剂及表面活性剂等。常见质量问题是出现浑浊或沉淀，变色及变味等。清洁化妆水参考配方见表2-4。

表2-4　清洁化妆水的参考配方

原料	质量分数%	原料	质量分数%
水	68.5	PEG-15椰油酸酯	2.0
乙醇	20.0	香精	0.2
聚乙二醇-4	5.0	咪唑烷基脲	0.2
丙二醇	4.0	三乙醇胺	0.1

（2）柔软化妆水：柔软化妆水又叫柔肤水，是能给皮肤角质层适度补充水分，使皮肤保持柔软、光滑、润湿的化妆品。柔软化妆水适合大部分中性及干性皮肤使用，一般偏向弱碱性。柔软化妆水的主要原料有溶剂及保湿剂等。常见质量问题是出现浑浊或沉淀，变色及变味等。柔肤水参考配方见表2-5。

表 2–5　柔软化妆水的参考配方

原料	质量分数 %	原料	质量分数 %
水	75.8	PEG-40 氢化蓖麻油	0.6
变性乙醇	12.0	咪唑烷基脲	0.2
丁二醇	4.0	硼砂	0.2
聚乙二醇 -32	4.0	香精	0.2
乳酸钠	3.0		

（3）收敛化妆水：收敛化妆水又称收敛水、收缩水。其主要作用是使皮肤上的毛孔和汗孔作暂时的收缩，适合于油性皮肤使用。收敛化妆水的主要原料是溶剂、收敛剂及保湿剂等。常见质量问题是出现浑浊或沉淀，变色及变味等。收敛水参考配方见表 2–6。

表 2–6　收敛化妆水的参考配方

原料	质量分数 %	原料	质量分数 %
水	80.8	羟基苯磺酸锌	0.2
乙醇	15.0	香精	0.2
丁二醇	3.0	咪唑烷基脲	0.2
PEG-40 氢化蓖麻油	0.5	柠檬酸	0.1

化妆水的一般生产工艺流程如下：

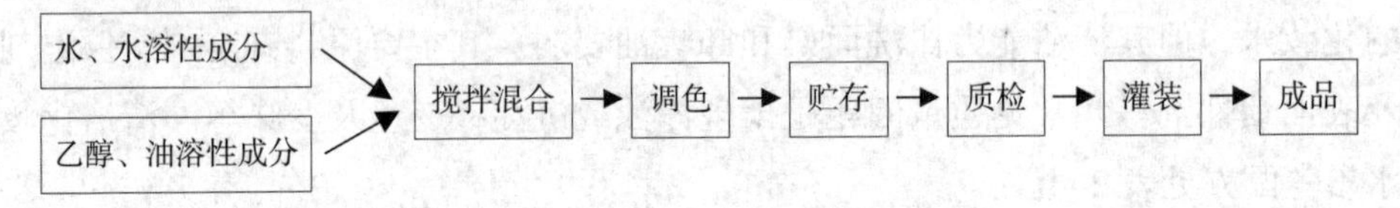

其中，搅拌混合环节很重要，须控制好混合速度。否则，产品易出现沉淀。

5. 啫喱水

啫喱水，亦称手按泵型发胶，是透明的液体发用化妆品。啫喱水能在头发上成膜，起到定型、保湿、调理并赋予头发光泽的作用。使用方法是用气压泵将瓶中液体泵压喷雾到头发上，或挤压于手上，涂在头发所需部位。其主要原料有成膜剂、溶剂、保湿剂及紫外线稳定剂等。

啫喱水要求喷雾效果好，雾状均匀施于头发上，对头发有良好的调理性和一定的定型作用，并赋予头发自然亮泽。常见质量问题是出现白色沉淀，喷雾状态不好，变色及变味等。啫喱水参考配方见表 2–7。

表 2–7　啫喱水的参考配方

原料	质量分数 %	原料	质量分数 %
水	76.9	PEG-40 氢化蓖麻油	0.5
乙醇	10.0	香精	0.2
聚乙烯吡咯烷酮	8.0	咪唑烷基脲	0.2
甘油	3.0	EDTA 二钠	0.1
水解蛋白	1.0	水杨酸乙基己酯	0.1

啫喱水的生产工艺流程如下：

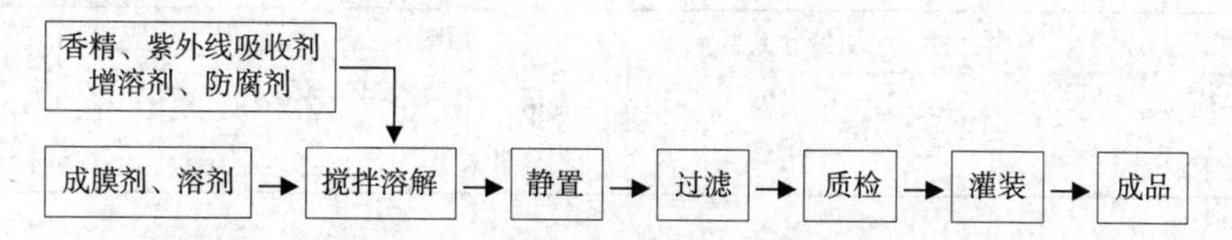

其中，搅拌溶解环节很重要，要求成膜剂溶解好，香精等水不溶物被增溶好。否则产品的透明度降低，甚至出现沉淀。

6. 卸妆油

卸妆油是一类全油性组分混合而制成的产品，它是用来去除皮肤上油溶性彩妆化妆品的。其作用原理主要是“以油溶油”。卸妆油主要原料有矿油、棕榈酸异丙酯等轻油，以及非离子表面活性剂、抗氧化剂等。常见质量问题是出现浑浊，沉淀，变色及变味等。其参考配方见表 2–8。

表 2–8　卸妆油的参考配方

原料	质量分数 %	原料	质量分数 %
矿油	64.7	辛酸 / 癸酸甘油三酯	8.0
矿脂	10.0	甘油硬脂酸酯	1.0
橄榄油	8.0	丁羟甲苯	0.1
棕榈酸异丙酯	8.0	香精	0.2

卸妆油的生产工艺流程如下：

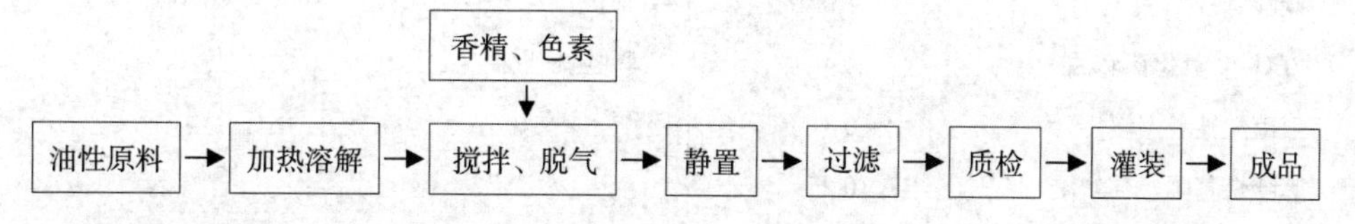

卸妆油的生产工艺比较简单，最重要的步骤在于过滤，使产品保持透明。

7. 发油

发油又称为头油。主要作用是恢复洗发后所失去的光泽和柔软性，并防止头发和头皮过分干燥，使发丝易于梳理。发油是无水油类的混合物，一般呈无色或淡黄色、透明液体。其主要原料有油脂、抗氧化剂、油溶性着色剂及营养添加剂等。发油要求透明、清晰、无异味。常见质量问题是出现浑浊，变色及变味等。发油生产工艺与卸妆油相似。

发油的生产工艺与卸妆油相似，其参考配方见表 2-9。

表 2-9　发油的参考配方

原料	质量分数 %	原料	质量分数 %
矿油	79.7	香精	0.2
橄榄油	20	丁羟甲苯	0.1

8. 冷烫液

冷烫液是具有改变头发弯曲度并维持相对稳定作用的发用化妆品。烫发的原理是通过还原剂将毛发蛋白质的氢键、盐键、二硫键处于被切断状态，用发夹和发卷将头发固定成一定的形状，在此基础上再用氧化剂修复二硫键，使头发有持久性的卷曲度。冷烫液一般由两剂组成。第一剂是还原剂，主要原料有含巯基化合物、碱类、表面活性剂、增稠剂、护发剂等；第二剂是氧化剂，如溴酸钠（钾）、过氧化氢等。

冷烫液的生产工艺与化妆水相似，其参考配方见表 2-10。

表 2-10　冷烫液的参考配方

第一剂		第二剂	
原料	质量分数 %	原料	质量分数 %
水	80.7	水	95.3
单乙醇胺	8.0	过氧化氢	3.0
半胱氨酸盐	5.0	PEG-40 氢化蓖麻油	1.0
巯基乙酸	4.2	磷酸氢二钠	0.3
碳酸氢铵	1.0	香精	0.2
PEG-40 氢化蓖麻油	0.4	咪唑烷基脲	0.2
亚硫酸钠	0.3		
咪唑烷基脲	0.2		
香精	0.2		

二、半固态类化妆品

半固态类化妆品是指非乳化的凝胶产品。如：护肤凝胶、定型凝胶、啫喱面膜、染发啫喱等。

1. 护肤凝胶

护肤凝胶，也称护肤啫喱，是透明凝胶状的化妆品。一般含有较多的水分，可以补充并保持皮肤水分。它的主要原料有溶剂（水或乙醇）、成胶剂、pH 调节剂、保湿剂以及营养添加剂等。常见质量问题有透明度降低，黏度下降，变色及变味等。护肤凝胶的参考配方见表 2-11。

表 2-11　护肤凝胶的参考配方

原料	质量分数 %	原料	质量分数 %
水	93.7	三乙醇胺	0.5
水解胶原蛋白	2.0	咪唑烷基脲	0.2
丙二醇	2.0	香精	0.2
卡波姆	0.6	水解珍珠	0.1
PEG-40 氢化蓖麻油	0.6	EDTA	0.1

护肤凝胶的生产工艺流程如下：

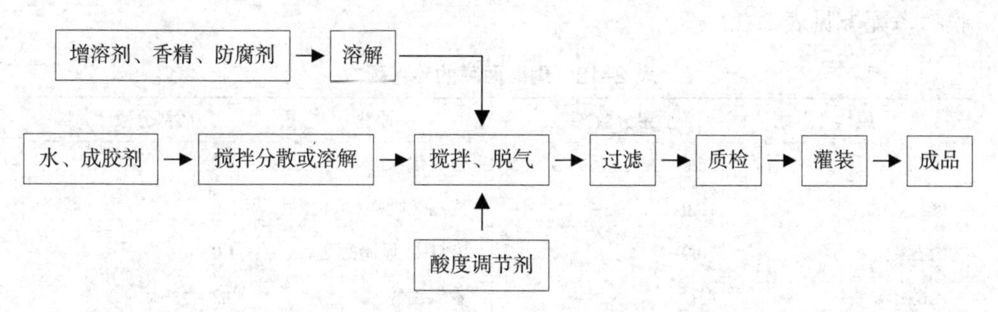

其中，聚成胶剂一般为卡波姆树脂，须分散均匀，否则达不到预期的黏度。香精等水不溶物与增溶剂要事先溶解好，再加入水中，否则透明度降低。

2. 定型凝胶

定型凝胶也叫啫喱膏、发用啫喱，外观为透明非流动性或半流动性凝胶体。使用时，直接涂抹在湿发或干发上，在头发上形成一层透明胶膜，直接梳理成型或用电吹风辅助梳理成型，具有一定的定型固发作用，使头发湿润，有光泽。

啫喱膏的主要原料有水、成胶剂、定型剂、中和剂、调理剂等。理想的啫喱膏要求外观透明，黏度稳定，应易于均匀涂抹在湿发或干发的表面，形成的薄膜不黏，易于梳理，保持自然清爽的定型效果。常见质量问题有透明度变差或有白色沉淀，变色及变味等。啫喱膏的生产工艺与护肤凝胶相似。

3. 啫喱面膜

啫喱面膜是一种含有营养剂，涂敷于面部皮肤上可形成薄膜物质的化妆品。它能起到清洁皮肤、保养皮肤以及美容作用。

面膜的作用机制是将皮肤与空气隔绝，皮肤表面温度上升，促进血液循环，面膜中营养物质能有效地渗入皮肤里，起到增进皮肤功能的作用；在粉剂或成膜剂的干燥过程中，面膜收缩，对皮肤产生绷紧的作用，可减少皱纹；面膜具有吸附作用，在除去面膜时，同时除去皮肤上的污垢、油脂和粉刺，从而起到很好的洁肤作用，并去除老化的角质层。根据使用后能否成膜，啫喱面膜一般分为剥离面膜和擦洗面膜等。

（1）剥离面膜：剥离面膜一般为膏状或透明凝胶状，使用时将它涂抹在面部上，经 10~20 分钟，水分蒸发后，就逐渐形成一层薄膜，当揭下整个面膜时，皮肤上的污垢、皮屑黏附在薄膜上而被清除。这种面膜使用简便，是面膜中重要的一种。其主要原料有溶剂、成膜剂、粉类原料、保湿剂及营养添加剂等。常见质量问题是成膜时间过快或过慢，膏体变粗变硬，变色及变味等。剥离面膜参考配方见表 2–12。

表 2–12　剥离面膜的参考配方

原料	质量分数 %	原料	质量分数 %
水	56.6	二氧化钛	3.0
聚乙烯醇	15.0	聚乙烯吡咯烷酮	3.0
滑石粉	10.0	PPG-11 硬脂醇醚	1.0
乙醇	8.0	苯氧乙醇	0.2
丙二醇	3.0	香精	0.2

剥离面膜常用的生产工艺流程如下：

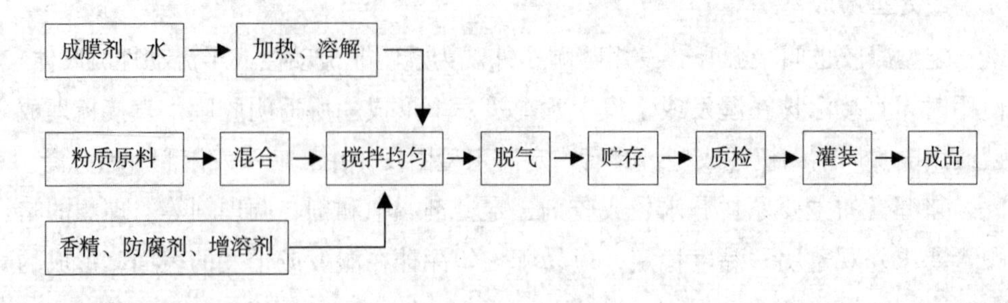

其中，搅拌均匀环节很重要，否则粉质原料容易结块，膏体不细腻。

（2）擦洗面膜：擦洗面膜一般不能成膜，而用后去除时需擦洗掉。其特点是不含成膜剂，主要原料与透明凝胶相似，有黏度调节剂、溶剂、润肤剂、保湿剂及营养添加剂等。也可以加入大量的粉质原料做成不透明凝胶。常见质量问题是膏体不够细腻，有杂质，变味等。其参考配方见表 2-13。

表 2-13　擦洗面膜的参考配方

原料	质量分数 %	原料	质量分数 %
水	36.6	丁二醇	5.0
高岭土	30.0	霍霍巴油	5.0
滑石粉	10.0	碳酸镁	1.0
淀粉	7.0	香精	0.2
氧化锌	5.0	咪唑烷基脲	0.2

擦洗面膜的生产工艺与剥离面膜相似。

三、固态类化妆品

固态类化妆品是指非乳化的粉、块状等固体产品。如：香粉、爽身粉、面膜粉、胭脂、眼影、眉笔、粉饼、浴盐等。

1. 香粉

香粉是用于面部的美容化妆品，可掩盖面部皮肤表面的缺陷，改变面部皮肤的颜色，柔和脸部曲线，使面部产生光滑柔软的自然感觉。

香粉的主要原料由粉料、着色剂、香精等组成。其中粉料有滑爽作用的滑石粉、高岭土，吸附作用的碳酸镁，遮盖作用的二氧化钛、氧化锌等。理想的香粉要求细腻，涂敷容易，遮盖力好，安全无刺激，色泽接近自然肤色，香气适宜。常见质量问题有黏附性差，吸收性差，不够贴肤，结块成团，色泽不均匀，微生物超标，色素褪色等。其参考配方见表 2-14。

表 2-14　香粉的参考配方

原料	质量分数 %	原料	质量分数 %
滑石粉	52.8	硬脂酸锌	3.0
高岭土	13.0	硬脂酸镁	2.0
碳酸钙	14.0	二氧化钛	12.0
碳酸镁	3.0	香精	0.2

香粉生产工艺流程如下：

其中，磨细与过筛环节很重要，它决定着产品是否细腻。

2. 面膜粉

面膜粉是一种细腻、均匀、无杂质的混合粉末，用于清洁和护理皮肤。面膜粉的主要原料由粉质原料、胶凝剂、润肤剂、香精等组成。此类面膜现调现用，使用方法是将适量的面膜粉与水调和成糊状，涂敷于面部，随着水分的蒸发，约经过10~20分钟，糊状物逐渐干燥在面部形成一层较厚的膜状物。面膜粉一般不能成膜剥离，需用吸水海绵擦洗掉，然后用水洗去。面膜粉中也可加入成膜剂，成为剥离面膜。常见质量问题是粉质原料不细腻，有杂质等。面膜粉的生产工艺与香粉相似，其参考配方见表2–15。

表2–15　面膜粉的参考配方

原料	质量分数%	原料	质量分数%
高岭土	57.6	硅酸镁铝	5.0
滑石粉	15.0	矿油	2.0
氧化锌	10.0	香精	0.2
淀粉	10.0	咪唑烷基脲	0.2

3. 胭脂

胭脂，又名腮红，是涂于面颊适宜部位呈现立体感，赋予脸部红润、艳丽、明快及健康效果的化妆品。胭脂有多种剂型，粉质胭脂、胭脂膏、胭脂水、胭脂霜、胭脂凝胶、胭脂喷剂等。国产胭脂的颜色一般以红色系为主。

粉质胭脂是最主要的一种，其主要原料与粉饼相似，但胭脂颜色鲜艳、香味淡。理想的胭脂要求质地柔软细腻，不易碎裂，色泽鲜明，颜色均一，涂敷性好，遮盖力强，易于黏附皮肤，对皮肤无刺激，香味纯正、清淡，易卸妆。粉质胭脂的常见质量问题是压制过于结实涂抹不开，疏松易碎，表面起油块，展色不够均匀。

粉质胭脂一般可以分为亚光胭脂和珠光胭脂，亚光胭脂比较通透、自然、肤感比较好，珠光胭脂一般比较闪亮、清透、有光泽感。亚光胭脂的生产工艺与粉饼相似。参考配方见表2–16。

表 2–16　亚光胭脂的参考配方

原料	质量分数 %	原料	质量分数 %
滑石粉	59.6	矿油	2.0
氧化锌	10.0	凡士林	2.0
高岭土	10.0	聚二甲基硅氧烷	1.0
碳酸镁	6.0	无水羊毛脂	1.0
硬脂酸锌	5.0	咪唑烷基脲	0.2
红 4 色淀	3.0	香精	0.2

4. 眼影

眼影是涂敷于上眼睑（眼皮）及外眼角，通过产生阴影和色调反差而美化眼睛的化妆品。利用眼影可重新塑造眼部，眼影可扩大眼睛轮廓，使眼眶下凹，产生立体美感，能强化眼神，使眼睛显得更美丽动人。

眼影一般可以分为粉质眼影、眼影膏和眼影液。粉质眼影目前最为流行，用马口铁或铝质金属制成底盘，将眼影粉压制成各种颜色与形状，配套包装于同一盒中，配方与粉质胭脂相似，不同的是眼影颜色鲜艳，着色剂含量高。常见质量问题有压制过于结实，涂抹不开，上色不够均匀，疏松易碎，表面起油块等。粉质眼影的生产工艺与粉饼相似。其参考配方见表 2–17。

表 2–17　粉质眼影的参考配方

原料	质量分数 %	原料	质量分数 %
滑石粉	25.0	棕榈酸异丙酯	7.0
云母粉	13.6	氧化铁黑	6.0
高岭土	10.0	尼龙粉	3.0
二氧化钛	10.0	香精	0.2
硬脂酸锌	7.0	咪唑烷基脲	0.2

5. 粉饼

粉饼和香粉的作用类似，粉饼比香粉便于携带，使用时不易飞扬。粉饼的主要成分有粉料、着色剂、香精、黏合剂和防腐剂等。其中粉料与香粉基本相同。黏合剂包括羧甲基纤维素等水溶性黏合剂和硬脂酸二价盐等油溶性黏合剂。粉饼要求在一般的运输和使用过程中不可破碎，在使用时易用粉扑涂擦。常见质量问题有压制过于结实，涂抹不开，研磨不够均匀，疏松易碎，表面起油块。其参考配方见表 2–18。

表 2-18　粉饼的参考配方

原料	质量分数 %	原料	质量分数 %
滑石粉	40.0	聚二甲基硅氧烷	2.0
云母	31.3	硬脂酸镁	1.0
高岭土	13.0	维生素 E 乙酸酯	0.2
尼龙粉	5.0	羟苯甲酯	0.2
棕榈酸乙基己酯	5.0	香精	0.2
二氧化钛	2.0	羟苯丙脂	0.1

粉饼生产工艺流程如下：

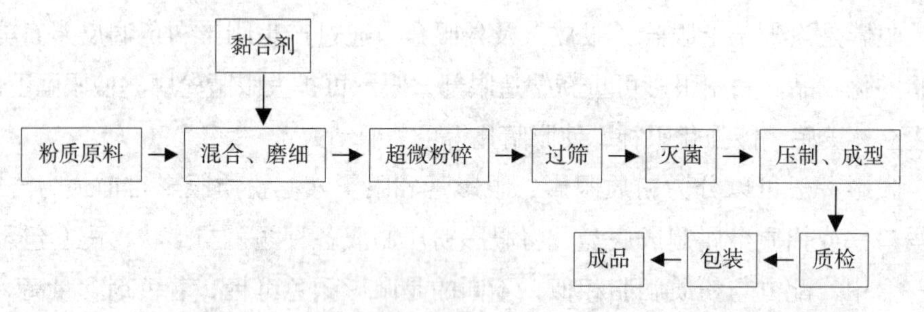

其中，压制步骤很重要，决定着产品的硬度，要求控制适中的压力。

6. 睫毛膏

睫毛膏也称为眼毛膏，是用于眼睫毛的美容化妆品。使用后可使睫毛变黑、变粗、变长，增加眼部魅力。根据配方的不同，睫毛膏可以分为固体块状睫毛膏和乳化体睫毛膏。固体块状睫毛膏配方与唇膏相似。乳化体睫毛膏的主要原料由润肤剂、乳化剂、成膜剂、着色剂等组成。理想的睫毛膏要求无毒、无刺激，有适当干燥速度、挺硬度，易卸妆等。乳化体睫毛膏常见问题是乳化不好，分层出水，稠度大，结团，有斑点，成膜效果不好等。

7. 眉笔

眉笔是用来描画眉毛，使眉毛显得深而亮，增加魅力的眼部化妆品。颜色以黑、棕、灰三色为主。眉笔笔芯的主要成分有油、脂、蜡和颜料。

眉笔主要有铅笔式眉笔和推管式眉笔两种形式。铅笔式眉笔和铅笔类似，是将圆条笔芯黏合在木杆中，可用刀片把笔尖削尖使用。推管式眉笔是将笔芯装在细长的金属或塑料管内，使用时将笔尖推出即可。眉笔应软硬适度，描画容易，色泽自然、均匀，稳定性好，不出汗、干裂，柔软，对皮肤无刺激性，安全性好，色彩自然。

眉笔常见问题有笔芯太软，不易涂抹，上色度不够，笔芯起白霜。其参考配方见表 2-19。

表 2-19　铅笔式眉笔笔芯参考配方

原料	质量分数 %	原料	质量分数 %
炭黑	19.5	巴西棕榈蜡	7.0
蜂蜡	17.0	地蜡	5.0
羊毛脂	15.0	二氧化钛	5.0
滑石粉	15.0	香精	0.2
小烛树蜡	8.0	咪唑烷基脲	0.2
矿油	8.0	丁羟甲苯	0.1

铅笔式眉笔的生产工艺流程如下：

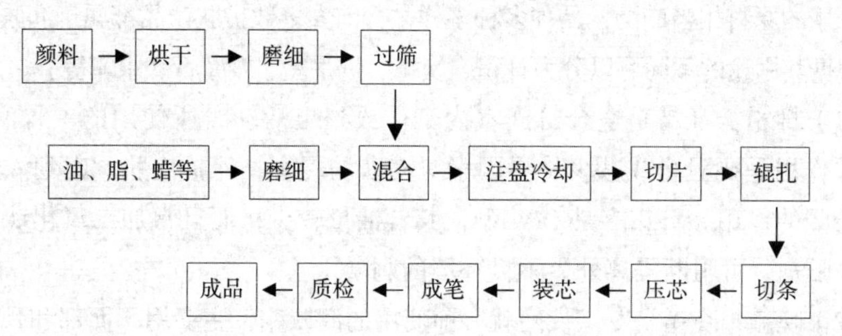

其中，颜料磨细环节很重要，决定着产品的颜色，要求把颜料研磨均匀。

8. 唇线笔

唇线笔是为使唇形轮廓更清晰饱满而使用的唇部美容化妆品。唇线笔要求笔芯要软硬适度，不易断裂，色彩自然，描画容易。唇线笔芯配方与唇膏相似，也是由油、脂、蜡、颜料组成，但硬度比唇膏高，颜色没有唇膏颜色鲜艳。唇线笔生产工艺与眼线笔相似，其参考配方见表 2-20。

表 2-20　唇线笔芯的参考配方

原料	质量分数 %	原料	质量分数 %
白蜂蜡	40.4	肉豆蔻酸异丙酯	4.0
小烛树蜡	14.0	辛酸 / 癸酸甘油三酯	3.0
氧化铁黑	14.0	氧化铁黄	1.0
巴西棕榈蜡	10.0	羟苯甲酯	0.2
地蜡	8.0	羟苯丙酯	0.2
蓖麻油	5.0	维生素 C	0.2

四、膏霜、乳液类化妆品

膏霜、乳液类化妆品是指经乳化制成的产品。如：润肤膏霜、润肤乳液、雪花膏、冷霜、粉底霜、粉底液、清洁霜、护发素、发乳、焗油膏、染发膏、眼线液等。

1. 润肤霜

润肤霜的作用是恢复和维持皮肤健美的外观和良好的润湿条件，以保持皮肤的滋润、柔软和富有弹性。它可以保护皮肤免受外界环境的刺激，防止皮肤过分失去水分，向皮肤表面补充适宜的水分和脂质。优质的润肤霜要求膏体细腻、光泽均匀，香气纯正，无异味。润肤霜可以制成O/W型或W/O型乳化体，市场上前者居多。润肤霜的主要原料有水、润肤剂、乳化剂、保湿剂、增稠剂及营养添加剂等。它所采用的原料相当广泛，品种多种多样，目前大多数护肤产品都属于润肤霜。润肤霜根据其用途的不同可以分为日霜、晚霜、护手霜、按摩膏、眼霜等。

（1）日霜：日霜是适合日间室内工作或外出活动时所使用的一种润肤霜。其主要作用是要阻止或减少外界因素对皮肤的侵害，保护皮肤，起到滋润、保湿和防晒的作用。日霜多是O/W型，其含油量较少，而且常加二氧化钛类或少量的防晒剂，可阻断隔离外界不良环境的刺激。

（2）晚霜：晚霜是专供夜间就寝前使用的润肤霜，主要用于面部和颈部。主要作用是给皮肤补充脂质、水分和营养。晚霜要求对皮肤无刺激、作用温和，具有良好的滋润、保湿作用。晚霜通常为W/O型，其含油量较高，香精用量较少。

（3）护手霜：护手霜是保护手部皮肤的一种润肤霜。护手霜的作用是保护双手皮肤，它可以降低水分透过皮肤的速度，保持皮肤水分，舒缓干燥皮肤，使皮肤柔润、光滑、富有弹性。护手霜一般制成O/W型乳化体。

（4）按摩膏：按摩膏是在按摩过程中起到润滑作用的膏霜类化妆品。按摩膏配方与冷霜和晚霜相近，分为O/W型和W/O型。按摩膏的基质一般采用熔点低、黏度较小的油脂、天然油、矿物油和蜡类为原料，以增加产品的润滑性和铺展性。

（5）眼霜：眼霜涂敷于眼窝的四周，可使眼部周围得到滋润和营养，促使其恢复弹性，消除眼袋和黑眼圈，并起减少皱纹的作用。眼霜所用的油脂一般是天然动植物油脂，香精用量极少，通常还可添加各种营养添加剂。

优质润肤霜要求膏体细腻、光泽均匀，无刺激，有怡人清香，无异味等。常见质量问题有膏体变粗，分层，变色，变味，霉变等。其参考配方见表2-21。

表 2-21　润肤霜的参考配方

原料	质量分数 %	原料	质量分数 %
水	63.0	PEG-40 失水山梨醇月桂酸酯	0.8
棕榈酸异丙酯	5.0	咪唑烷基脲	0.2
甘油硬脂酸酯	3.0	硬脂酸	2.0
矿油	18.0	鲸蜡醇	2.0
丙二醇	4.0	香精	0.2
三乙醇胺	1.8		

润肤霜的一般生产工艺流程如下：

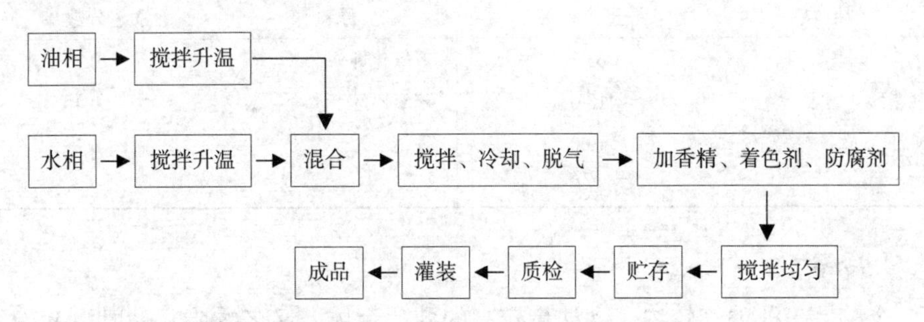

其中，乳化环节最为重要，应该控制好乳化的温度与时间、加料速度、均质的速度等参数。否则，膏体不细腻甚至分层。

2. 润肤乳液

润肤乳液又叫奶液，乳液制品延展性好，易涂抹，使用较舒适、滑爽，无油腻感，尤其适合夏季使用。润肤乳液也有 O/W 型和 W/O 型两种类型，其中前者居多。润肤乳液的主要原料与润肤霜相似，但润肤乳液所含油性原料要比润肤霜的含量低，黏度也更低。润肤乳液常见质量问题是出现分层，变色及变味等。润肤乳液参考配方见表 2-22。

表 2-22　润肤乳液的参考配方

原料	质量分数 %	原料	质量分数 %
水	72.5	甘油硬脂酸酯	1.0
棕榈酸乙基己酯	4.0	黄原胶	0.2
甘油	4.0	香精	0.2
丙二醇	4.0	咪唑烷基脲	0.2
聚二甲基硅氧烷	3.0	EDTA 二钠	0.1
硬脂醇	2.0		
PPG-11 硬脂醇醚	2.0		

润肤乳液的生产工艺与润肤霜相似。

3. 雪花膏

雪花膏颜色洁白，在皮肤上涂开后类似雪花很快消失，因此而得名。雪花膏是一种 O/W 型乳化体。其主要原料有水、硬脂酸、碱、甘油硬脂酸酯及甘油等。优质雪花膏要求外观洁白而有光泽，稀稠适宜，质地细腻，无异常气味。常见质量问题有膏体变粗、有颗粒，变色及变味等。雪花膏的生产工艺与润肤霜相似，其参考配方见表 2–23。

表 2–23　雪花膏的参考配方

原料	质量分数 %	原料	质量分数 %
水	63.7	氢氧化钾	0.7
硬脂酸	18.0	苯氧乙醇	0.4
矿油	10.0	香精	0.2
丙二醇	7.0		

4. 冷霜

冷霜是一种香气较浓、含油量较高的乳化膏体，又名香脂。一般为 W/O 型乳化体，由于涂擦在皮肤上产生凉快的感觉，故而得名。与雪花膏相比，其膏体油腻感较大，润护性更强，更适合冬季使用，男女皆宜。合格的冷霜应是白色膏体、富有黏性，结构细腻光滑，香味纯正。主要原料为水、蜂蜡、油脂、乳化剂及抗氧剂等。常见质量问题有出现渗油，变色及变味等。冷霜的生产工艺与润肤霜相似，其参考配方见表 2–24。

表 2–24　冷霜的参考配方

原料	质量分数 %	原料	质量分数 %
水	38.0	聚山梨醇酯 -80	2.0
矿油	34.0	硼砂	0.5
蜂蜡	10.0	香精	0.2
矿脂	8.0	咪唑烷基脲	0.2
羊毛脂	7.0	丁羟甲苯	0.1

5. 粉底霜

粉底霜是将粉料（主要是着色剂）均匀分散、悬浮于润肤霜中而得到的美容制品。其主要作用是调整肤色，使皮肤滑嫩、细腻或者美容化妆前打底。粉底霜一般可制成 O/W 型和 W/O 型两种类型。粉底霜的优点是容易卸妆，具有吸附性，能吸附皮肤上过多的油脂；还具有滑爽性，容易涂敷均匀。粉底霜的主要原料是水、着色剂、润肤剂、乳化剂、黏度调节剂等。粉底霜要求膏体细腻、光泽均匀，香气纯正。常见质量问题是研磨不充分，着色剂分散不均匀，粉料析出，分层出水，变色变味。粉底霜的生产工艺与润肤霜相似，其参考配方见表 2–25。

表 2–25　粉底霜的参考配方

原料	质量分数 %	原料	质量分数 %
水	74.1	汉生胶	1.00
矿油	8.00	高岭土	1.00
二氧化钛	5.00	咪唑烷基脲	0.20
甘油	3.00	香精	0.20
硬脂醇聚醚 -21	2.00	氧化铁红	0.01
云母	2.00	氧化铁黑	0.01
聚二甲基硅氧烷	2.00	氧化铁黄	0.01
硬脂醇聚醚 -2	1.50		

6. 粉底液

粉底液也叫粉底蜜，它的功能和生产工艺都与粉底霜类似。特点是可以流动，含油量低，感觉清爽，适合油性皮肤使用，是目前流行的一种粉底化妆品。

7. 清洁霜

清洁霜也是一种乳化膏状制品，其主要作用是帮助去除积聚在皮肤上的污垢，如油污、皮屑、化妆原料等，特别适用于干性皮肤的人使用。它的去污作用一方面是利用表面活性剂的润湿、渗透、乳化作用；另一方面是利用制品中的油性成分的溶剂作用。

清洁霜的原料包括各种油、脂、蜡、乳化剂、水等。清洁霜的用法是先将其均匀涂敷于面部皮肤并轻轻按摩，溶解和乳化皮肤表面和毛孔内的油污，并使香粉、皮屑等异物被移入清洁霜内，然后用软纸、毛巾或其他易吸收的柔软织物将溶解和乳化了的污垢等随清洁霜从面部擦除。用清洁霜去除面部污物的优点是对皮肤刺激性小，用后在皮肤上留下一层滋润性的油膜，令皮肤光滑柔软，对干性皮肤有很好的保护作用。清洁霜常见质量问题是膏体变粗，变色及变味等。清洁霜的生产工艺与润肤霜相似，其参考配方见表 2–26。

表 2-26　清洁霜的参考配方

原料	质量分数 %	原料	质量分数 %
水	46.79	硼砂	2.00
矿油	40.00	棕榈酸异丙酯	1.00
蜂蜡	5.00	甲基异噻唑啉酮	0.01
丙二醇	3.00	香精	0.20
甘油硬脂酸酯	2.00		

8. 磨砂膏

磨砂膏是一种在洗面奶或者清洁霜的基础上添加了某些极细的磨砂剂而制成的化妆品，利用磨砂剂与皮肤之间的摩擦，除去更多的皮肤表面角质层老化或死亡细胞。磨砂膏的主要原料包括清洁霜或洗面奶的原料，另加上摩砂剂。常见质量问题是磨砂剂结团、分层，膏体变粗，变色及变味等。磨砂膏参考配方见表 2-27。

表 2-27　磨砂膏的参考配方

原料	质量分数 %	原料	质量分数 %
水	73.6	胡桃壳粉	2.0
卡波姆	0.6	三乙醇胺	0.3
月桂醇聚醚硫酸酯钠	15.0	香精	0.2
甘油	5.0	咪唑烷基脲	0.2
椰油酰胺二乙醇酰胺	3.0	EDTA 二钠	0.1

磨砂膏的生产工艺与洗面奶相似。

9. 护发素

护发素是能在头发上形成一层保护膜，以达到护发效果的乳化类化妆品。护发素的作用是改善头发的干梳和湿梳性能，抗头发静电，赋予头发光泽，保护头发，增加头发的质感。根据其用后是否要冲洗，护发素可以分为冲洗型和免洗型两种。护发素主要是由水、乳化剂、阳离子调理剂、赋脂剂、防腐剂、着色剂、香精及其他活性成分组成，一般制成 O/W 型乳化体。常见质量问题是膏体变粗，分层，变色及变味等。护发素的生产工艺与润肤霜相似，其参考配方见表 2-28。

表 2-28　护发素的参考配方

原料	质量分数 %	原料	质量分数 %
水	75.1	聚山梨醇酯 -60	2.0
矿油	5.0	水解胶原蛋白	2.0
十八烷基三甲基氯化铵	4.0	甘油硬脂酸酯	1.0
甘油	4.0	乳酸	0.5
硬脂醇	3.0	香精	0.2
聚二甲基硅氧烷	3.0	咪唑烷基脲	0.2

护发素的生产工艺与润肤霜相似。

10. 发乳

发乳是乳化型护发用品，主要作用是补充头发油分、使头发发亮、柔软并有适度的整发效果。发乳中可以加入一些天然营养添加剂，如首乌、蜂胶等，以达到养发、护发目的。发乳的主要原料有水、油性原料、乳化剂、黏度调节剂及保湿剂等。可以制成 O/W 型或者是 W/O 型。优质的发乳要求膏体稳定，稠度适当，香气持久，使用时不发黏。发乳的常见质量问题是出现析油，分层，变色及变味等。发乳的生产工艺与润肤霜相似，其参考配方见表 2-29。

表 2-29　发乳的参考配方

原料	质量分数 %	原料	质量分数 %
水	63.6	羊毛脂	2.0
矿油	20.0	鲸蜡醇	1.5
肉豆蔻酸异丙酯	5.0	硼砂	0.5
蜂蜡	4.0	香精	0.2
甘油	3.0	咪唑烷基脲	0.2

11. 焗油膏

焗油膏是通过蒸汽将油分和各种营养添加剂渗入到发根，起到养发、护发作用的乳化体产品。焗油膏能抗静电，增加头发自然光泽，使头发滋润柔软、易于梳理，对干、枯、脆等损伤头发有特殊的修复功能，其效果优于护发素。但焗油膏的使用一般要先用蒸汽对头发加热，最好在美容院或理发店操作。常见质量问题有膏体变粗，分层，变色及变味等。焗油膏的生产工艺与护发素相似。其参考配方见表 2-30。

表 2-30　焗油膏的参考配方

原料	质量分数 %	原料	质量分数 %
水	77.5	聚季铵盐 -10	1.0
羊毛脂	5.0	甘油硬脂酸酯	1.0
聚二甲基硅氧烷	5.0	D- 泛醇	1.0
霍霍巴油	5.0	香精	0.2
十八烷基三甲基氯化铵	2.0	咪唑烷基脲	0.2
油醇	2.0	丁羟甲苯	0.1

焗油膏的生产工艺与护发素相似。

12. 染发膏

染发膏是具有改变头发本身颜色作用的乳化型化妆品。染发膏一般由两剂组成，第一剂包含染料中间体，第二剂包含氧化剂。常用的染料中间体有对 p-苯二胺、m- 氨基苯酚，它可以渗入头发内部毛髓中，通过与氧化剂的反应，形成稳定的、大的染料分子，被封闭在头发纤维内，从而起到持久的染发作用。第一剂主要原料有油、水、增稠剂和染料中间体。第二剂主要成分为氧化剂。染发膏的参考配方见表 2-31。

表 2-31　染发膏的参考配方

第一剂		第二剂	
原料	质量分数 %	原料	质量分数 %
水	65.3	水	79.1
硬脂酸	18.0	矿油	10.0
丙二醇	4.0	溴酸钠	4.0
三乙醇胺	3.0	硬脂醇	3.5
对苯二胺	3.0	硬脂醇聚醚 -21	1.5
甘油硬脂酸酯	2.0	甘油硬脂酸酯	1.3
氨水（25%）	2.0	咪唑烷基脲	0.3
硬脂醇	1.0	香精	0.2
亚硫酸钠	1.0	EDTA 二钠	0.1
间苯二酚	0.5		
EDTA 二钠	0.1		
丁羟甲苯	0.1		

13. 眼线液

眼线液是用以描绘于睫毛边缘处，加深眼睛的印象，增加眼部魅力的化妆品。眼线液一般灌装于玻璃瓶内，瓶盖附有笔型小笔刷，取出瓶盖，笔毛沾上眼线液，即可描绘。眼线液可以分为成膜型眼线液和乳化体眼线液。眼线液要求无毒安全，干燥速度较快，干后成膜柔软，色调宜人，无微生物污染。

成膜型眼线液主要由黏度调节剂、粉料、悬浮剂和溶剂等组成。成膜型眼线液常见质量问题是出现分层，上色度不够，持久性能不好等。乳化体眼线液主要成分是黏度调节剂、油脂、水、乳化剂和颜料等，常见质量问题是乳化效果不好，分层出水，稠度大，结团，有色素点。乳化体眼线液生产工艺与粉底液相似，其参考配方见表 2–32。

表 2–32　乳化体眼线液的参考配方

原料	质量分数 %	原料	质量分数 %
水	70.5	硬脂醇聚醚 -2	1.5
氧化铁黑	7.0	硬脂醇	1.0
聚乙烯醇	6.0	羊毛脂	0.6
肉豆蔻酸异丙酯	6.0	香精	0.2
丙二醇	5.0	咪唑烷基脲	0.2
硬脂醇聚醚 -21	2.0		

五、气雾剂类化妆品

气雾剂类化妆品是指含有抛射剂的具有一定压力的罐装产品。如：摩丝、发胶、保湿喷雾等。

1. 发用摩丝

发用摩丝就是我们常说的摩丝，是指由液体和推进剂共存，在外界施用压力下，推进剂携带液体冲出气雾罐，在常温常压下形成泡沫的产品。发用摩丝的作用是定型、护发和调理等。其定型原理是在每根头发表面形成一薄层聚合物，这些聚合物膜将头发黏合在一起，当溶剂蒸发后，聚合物薄膜具有一定的坚韧性，使头发牢固地保持设定的发型。

发用摩丝的主要原料是溶剂、成膜剂、乳化剂以及推进剂等。推进剂一般使用丙 / 丁烷，其作用是使罐内产生高压。一般发用摩丝使用前须摇晃，使推进剂与其他成分混合均匀。当从喷嘴中出来后，常压下立即气化，膨胀，带动混在一起出来的料液，形成摩丝的泡沫。理想的发用摩丝要求罐体平整，卷口平滑，盖与瓶配合紧密，无滑牙、松脱、泄漏现象，挤出的摩丝是白色或淡黄色均匀泡沫，手感细腻具有弹性。

发用摩丝常见质量问题是气体泄漏，残留液体喷不出；高分子聚合物析出，堵塞阀门喷不出；喷出泡沫变色变味，没有弹性。发用摩丝参考配方见表 2–33。

表 2–33　发用摩丝的参考配方

原料	质量分数 %	原料	质量分数 %
水	35.0	甘油	1.0
乙醇	30.0	PEG-10 壬基酚醚	1.0
丁烷	25.6	咪唑烷基脲	0.2
聚乙烯吡咯烷酮	7.0	香精	0.2

发用摩丝的生产工艺流程如下：

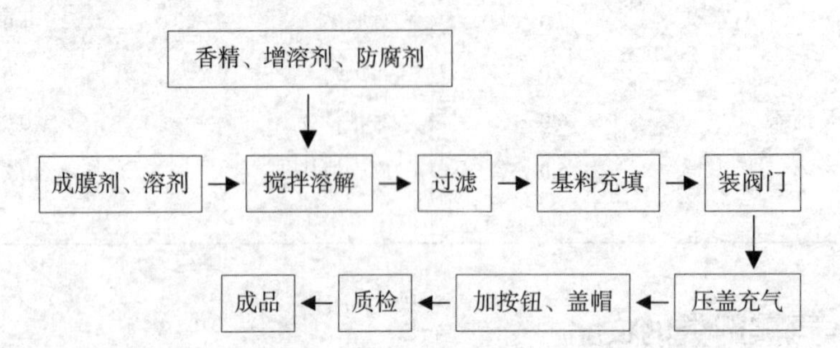

其中，压盖充气环节很重要，须保证罐的高度密封性，以及罐内的压力适中。否则，产品可能泄漏甚至爆炸。

2. 气雾剂喷发胶

气雾剂喷发胶是一种以雾状喷出至头发上，能在头发表面形成一薄层聚合物，用于定型和修饰头发的液状发用化妆品。气雾剂型喷发胶的组成与摩丝相似，一般有成膜剂、调理剂、溶剂、表面活性剂及推进剂等。其生产工艺也与摩丝相似。

六、有机溶剂类化妆品

有机溶剂类化妆品是指含有大量挥发性有机溶剂的液态产品。如：香水、古龙水、花露水、指甲油等。

1. 香水

香水是以芳香身体为主要作用的化妆品，其主要成分有香精、溶剂、稳定剂等。根据其香精含量的多少，香水可以划分为浓香水、淡香水。浓香水的香精含量可达 15%~ 30%，淡香水香精含量 5%~15%。香水的使用方法是直接点状涂抹或雾状喷洒。好的香水要求水质清晰，清澈透明，无任何沉淀，香味纯正，柔和，无刺鼻的乙醇气味，能保持一段时间。常见质量问题是浑浊，沉淀，变色及变味等。

2. 古龙水

古龙水也叫科隆香水。其组成与香水相似，香气比香水淡，香精含量为 3%~5%。留香时间较短，3 小时左右。古龙水多以柑橘类的清甜新鲜香气配以橙花、迷迭香、薰衣草香而成，因此，一般多为男性使用。

3. 花露水

花露水是一种大众卫生用品，多在夏天沐浴后使用，具有祛汗、止痒等功能，使用后有滑香、凉爽的感觉。香精的香气要求易散发，并具有一定的留香能力，其香型多以薰衣草型为主体。花露水的主要原料有乙醇、水、香精及止痒剂等。有些花露水声称具有驱蚊功效，需要加入驱蚊物质，如 N，N- 二乙基间甲基苯甲酰胺（DEET），俗称避蚊胺。花露水常见质量问题是出现浑浊、白色沉淀，变色及变味等。驱蚊花露水参考配方见表 2–34。

表 2–34　驱蚊花露水的参考配方

原料	质量分数 %	原料	质量分数 %
乙醇	75.0	冰片	0.5
水	15.9	薄荷脑	0.5
N，N- 二乙基间甲基苯甲酰胺	5.0	EDTA 二钠	0.1
香精	3.0		

花露水的生产工艺流程如下：

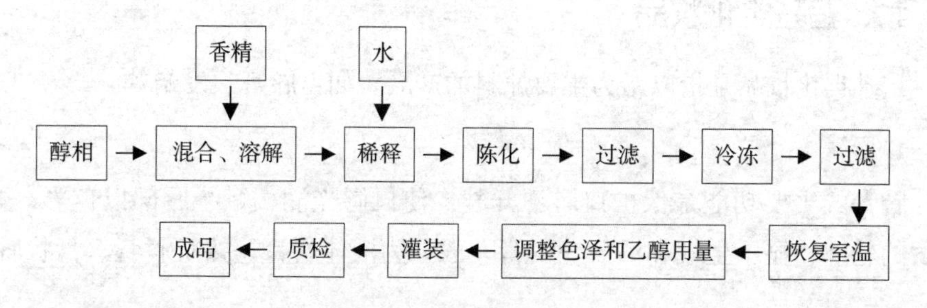

4. 指甲油

指甲油是通过在指甲上形成一层耐摩擦的漂亮薄膜而美化、保护指甲的化妆品。其主要成分是成膜剂、树脂、增塑剂、溶剂、着色剂、悬浮剂等。其中成膜剂是能够在指甲上形成一层薄膜的物质，如硝酸纤维素。树脂起着增加成膜剂附着力的作用，如醇酸树脂；增塑剂可增加涂膜的柔韧性和可塑性，减少收缩、开裂。着色剂可以给指甲上色。溶剂有溶解其他成分并调节黏度的作用。

理想的指甲油应是安全，有适当的黏度，涂敷容易，干燥快，膜均匀、无气泡，颜色均匀一致、光亮，耐摩擦、不开裂，易被去除剂除去。常见质量问题是黏度不适当，过厚或过薄，黏着力差，光亮度差，干燥太慢。其参考配方见表 2-35。

表 2-35 指甲油的参考配方

原料	质量分数 %	原料	质量分数 %
甲苯	24.5	醇酸树脂	12.0
乙酸乙酯	20.0	乙醇	10.0
乙酸丁酯	15.0	柠檬酸三丁酯	5.0
硝酸纤维素	13.0	着色剂	0.5

指甲油的生产工艺流程如下：

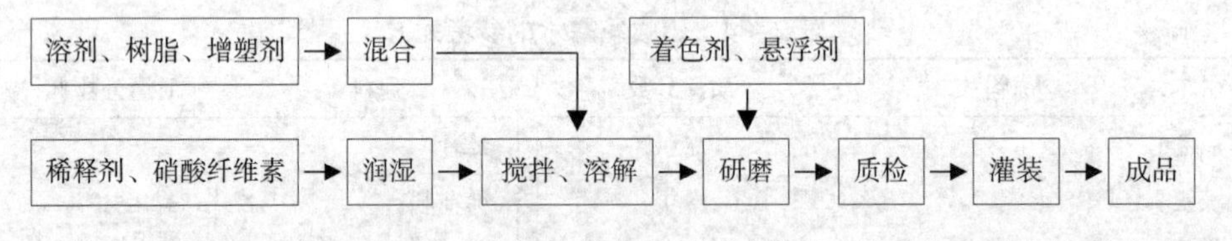

其中，研磨环节很重要，它决定着指甲油颜料是否细腻，要求使着色剂完全磨细腻，否则有沉淀析出。

七、蜡基类化妆品

蜡基类化妆品是指以蜡为主要原料的产品。如：唇膏、发蜡等。

1. 唇膏

唇膏的主要功能是保护口唇不开裂，使口唇光润，赋予唇部以色彩，修饰口唇的轮廓，显示生气和活力。唇膏一般分为液体唇膏、棒状唇膏、膏状唇膏、笔状唇膏。按唇膏颜色可分为原色唇膏、无色唇膏、变色唇膏。原色唇膏使用最广泛，涂敷于唇部后保护原色不变；无色唇膏是用以滋润和防止唇部干裂的，是护唇化妆品；变色唇膏是由于唇膏中的某种染料溶于溶剂后是橙色的，一旦涂到嘴唇上，由于 pH 值的改变会变成鲜红色。

理想的唇膏要求光亮度好，色泽均匀持久；涂后不易脱落，软硬适度，常温下不变形；不发汗、干裂，使用时滑爽而无黏滞感；安全无刺激，香味宜人。唇膏的主要原料有着色剂、油性原料、营养添加剂等。常见质量问题有表面发汗、表面粗糙、折断力偏低、变色及变味等。唇膏参考配方见表 2–36。

表 2–36　唇膏的参考配方

原料	质量分数 %	原料	质量分数 %
硬脂酸甘油酯	35.3	溴酸红	4.0
蓖麻油	35.0	羊毛脂	3.0
棕榈酸异丙酯	5.0	巴西棕榈蜡	2.0
矿脂	5.0	香精	0.4
矿油	5.0	羟苯甲酯	0.2
红 4 色淀	5.0	丁羟甲苯	0.1

唇膏的生产工艺流程如下：

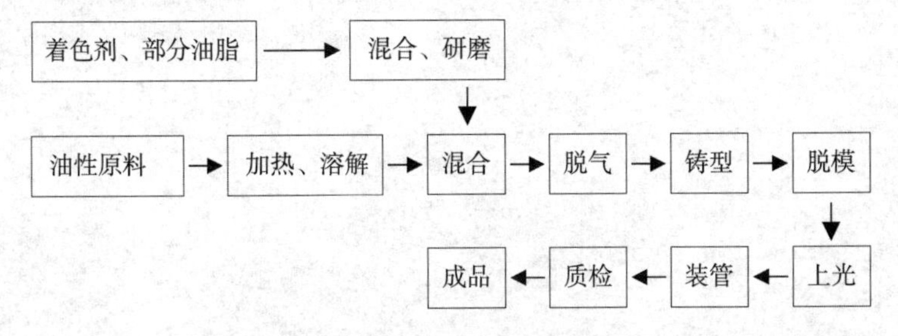

其中，铸型、上光很重要，决定着产品的稳定性与外观的光洁度。需要控制好浇铸温度与冷却速度等。

2. 发蜡

发蜡是一种半固体的油、脂、蜡混合物，常呈半透明状。其主要作用是修饰和固定发型，增加头发的光亮度。发蜡一般多为男性用品。常见质量问题有膏体发汗，有油脂气味，酸败等。发蜡参考配方见表 2–37。

表 2-37　发蜡的参考配方

原料	质量分数 %	原料	质量分数 %
矿脂	55.8	羊毛脂	10.0
地蜡	18.0	丁羟甲苯	0.1
矿油	16.0	香精	0.1

发蜡的生产工艺流程如下：

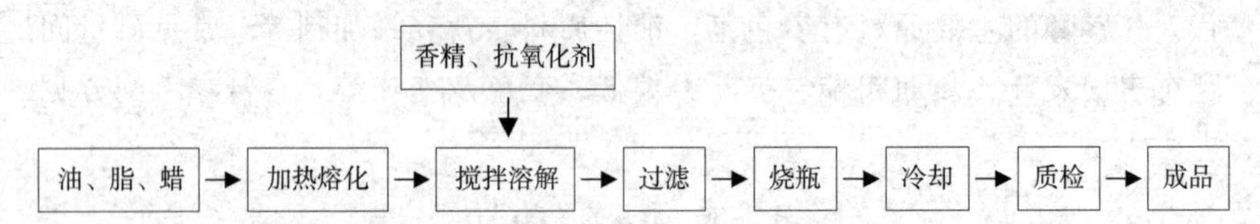

其中，冷却环节很重要，应该控制适当的冷却温度与冷却时间。否则，产品的稳定性会降低。

第三章　化妆品安全风险分析

第一节　化妆品安全风险定义及特性

一、化妆品中可能存在的安全性风险物质的含义

化妆品中可能存在的安全性风险物质是指由于化妆品原料带入、生产过程中产生或带入的，可能对人体健康造成潜在危害的物质。

由于化妆品组方的复杂性，人类对化妆品组方成分及潜在威胁认识的局限性，以及对化妆品使用经验积累的不完整性，客观上造成了化妆品使用安全风险。如原料中杂质成分的种类、含量和风险，以及组方后可能会产生哪些新的物质和风险，储运过程中会发生哪些变化等，人们对此类问题的认知程度非常有限。同时由于化妆品的市场竞争，不法生产者为追求某些效果，超限量使用限用物质或者非法添加禁用物质等，主观上带来化妆品使用风险，都会给消费者健康带来风险。

二、化妆品风险的特性

化妆品风险具有风险的全部特征性。

化妆品风险的客观性表现在化妆品中所含物质的种类繁多，从客观上加大了使用风险。化妆品的特点是小而全，原料种类多，产品品种多，产品更新换代快，且多为间歇式生产，给生产的稳定性控制增加了难度。

化妆品风险的偶然性表现在并不是所有使用者都出现同样的安全风险事件，也并不是同一安全风险要素会导致所有使用者出现风险事件，这也说明了化妆品风险的不确定性。如安全合格的产品在使用过程中，由于消费者个体差异所导致的变态反应。

化妆品风险的损害性体现在每一个安全事件都会在不同程度造成人体的伤

害，也会带来一定的经济损失，以及不良的社会效应。不仅给消费者造成伤害，给经营者带来损失，也给社会带来负面影响。

化妆品风险的社会性主要体现在，化妆品已成为社会广泛使用的日常消费品，化妆品风险也已成为社会公共安全的突出问题。

第二节　化妆品可能带来的安全风险

化妆品有着数千年的使用历史，包括源自植物、动物和矿物质的各种成分。通过合成和半合成等现代技术，化妆品成分数量显著增加。今天，化妆品的使用已变得非常广泛，在实际情况中，化妆品导致严重健康危害的情况极为罕见。但是，这并不意味着化妆品本身的使用是安全的。鉴于化妆品被广泛应用于人类寿命中的很长一段时间中，因此特别需要注意其长期安全性。通过对成分及其化学结构、毒性情况和暴露模式进行分析，可知化妆品可能带来的安全风险主要体现在以下几方面。

一、毒性

化妆品的毒性是由于化妆品原料中含有超出规定允许限量的有毒性物质或违规添加了禁止使用的有毒性组分。化妆品本身含有多种化学物质，一般来说，化妆品原料毒性均很低。化妆品在生产过程中也可受到有毒化学物质特别是有毒重金属的污染。有毒金属对化妆品的污染是有毒化学物质污染化妆品诸多问题中最普遍的问题之一。对化妆品造成污染最常见的金属元素有铅、汞、砷、镉、镍等，其中以汞和铅较为突出。

汞及其化合物（含有机汞防腐剂的眼部化妆品除外）为化妆品成分中禁用的化学物质，但会被一些不正规的小型化妆品作坊添加到增白、美白和祛斑的产品中。如果长期使用此类产品，汞及其化合物都可以穿过皮肤的屏障进入机体所有的器官和组织，对身体造成伤害，尤其是对肾脏、肝脏和脾脏的伤害最大，从而破坏酶系统的活性，使蛋白凝固，组织坏死，产生易疲劳、乏力、嗜睡、淡漠、情绪不稳、头痛、头晕、震颤等症状，同时还会伴有血红蛋白含量及红细胞、白细胞数降低，肝脏受损等，此外还有末梢感觉减退、视野向心性缩小、听力障碍及共济性运动失调等等。

铅及其化合物通过皮肤吸收，有可能危害人体健康，特别会影响造血系统、神经系统、肾脏、胃肠道、生殖系统、心血管、免疫与内分泌系统等，对于孕妇，还有可能影响胎儿的健康。

砷及其化合物被认为是致癌物质，砷及其化合物中毒主要表现为末梢神经炎症，如四肢疼痛、行走困难、肌肉萎缩、头发变脆易脱落、皮肤色素高度沉着，甚至有可能转变成皮肤癌。

镉及其化合物均有一定的毒性。中毒早期表现为咽痛、咳嗽、胸闷、气短、头晕、恶心、全身酸痛、无力、发热等，严重者可出现中毒性肺水肿或化学性肺炎，有明显的呼吸困难、胸痛、咯大量泡沫血色痰，可因急性呼吸衰竭而死亡。

二恶烷通过吸入、食入、经皮吸收进入体内。有麻醉和刺激作用，在体内有蓄积作用。接触大量蒸气引起眼和上呼吸道刺激，伴有头晕、头痛、嗜睡、恶心、呕吐等。可致肝、皮肤损害，甚至发生尿毒症。对皮肤、眼部和呼吸系统有刺激性，并可能对肝、肾和神经系统造成损害，急性中毒时可能导致死亡，已被美国列为致癌物质。

石棉本身并无毒害，它的最大危害来自于它的粉尘，当这些细小的粉尘被吸入人体内，就会附着并沉积在肺部，造成肺部疾病，石棉已被国际癌症研究中心肯定为致癌物。

二、过敏性

源自一种或几种化妆品成分被抗原识别并激活，后果是在人体接触产品的任何新部位出现继发性抗炎反应。这种接触性过敏反应可能在使用某种产品前已存在，但也可由产品本身引发。

皮肤致敏基本上与物质的性质有关，也和这种物质的透皮性有关。这可解释有些物质单独接触皮肤时并无反应，一旦成为化妆品成分则导致皮肤过敏反应。这也意味着除了分子本身的作用，还要考虑相应的目标受体、年龄、经历和皮肤特性。化妆品中最常见的过敏原存在于化妆品产品、香料和防腐剂中。

三、刺激性

化妆品中某种（些）成分反复接触皮肤后，可能引起皮肤、器官黏膜等刺激性皮肤病变，这是化妆品引起的最为常见的一种皮肤损伤。这种刺激性反应是由使用部位直接接触产品引起的，可能局限于接触部位的反应。这种刺激性反应可以在初次使用后或多次使用后皮肤状况变差或出现生物蓄积时产生。化妆品可能引起的刺激性通常分为皮肤刺激和眼刺激。

皮肤刺激即刺激性接触性皮炎，是由于接触化学物质引起的皮肤炎症反应而产生的非特异损伤。其临床表现存在非常大的差异，取决于刺激物的类别及剂量反应关系。

皮肤刺激初期仅仅出现主观反应，并无明显可见的改变。随后，可能出现临床症状，其形态学及刺激强度有关。刺激性接触性皮炎的刺激物分为可在短时间内引发强烈的原发刺激物，以及在反复使用后引起迟发反应的继发刺激物。化妆品引起的皮肤刺激性属于后一类，因为它们不含高浓度的原发刺激物。

急性刺激性接触性皮炎的特征是出现红斑、水肿、成片水泡，大水泡和渗出，而慢性刺激性皮炎主要表现为红肿、苔藓、表皮脱落、脱屑和角化过度。

慢性刺激性接触性皮炎组织学表现为角化过度、角化不全、棘细胞层水肿、炎细胞外渗、棘皮症、血管周围单核浸润伴有丝分裂活性增强。

最常引发变应性接触性皮炎的化妆品是香水，因为其中所含的多种香料和防腐剂是变应原化合物。研究表明，防腐剂、香料和乳化剂是易引起变态反应的三类原料。

眼部刺激是由于眼部等外部黏膜最易触及化妆品及其成分，对于大多数黏膜、刺激物的反应与在皮肤上反应相似，然而，黏膜没有角质层，因此，化妆品成分的渗透会更敏感。鉴于眼睛这种主要感觉器官的特殊重要性及其结构，要特别注意眼部的刺激。像任何黏膜一样，眼睛会接触到化妆品，本应用在眼睛周围的化妆品，有可能在正常应用时稀释后进入眼内，或偶然进入眼中。

因此，为保证消费者在正常或可预见的情况下使用某个产品是安全的，就要对一种化妆品及成分对眼睛潜在的刺激性做出评价，这是基本要求。

化妆品对皮肤的刺激作用与其酸碱度、脂溶性溶剂、腐蚀性颗粒含量以及个体易感性等因素有关。如指甲油含有机溶剂，可溶解皮肤脂肪层，增加对皮肤的刺激作用。患有特应性皮炎、干性湿疹或神经性皮炎者，其皮肤角质层受损，任何化妆品均可对其造成刺激性接触性皮炎。

第三节　化妆品安全风险成因分析

化妆品作为人们日常生活的必备品，其安全问题倍受社会各界关注。导致化妆品安全风险的原因，主要有以下几类。

一、行业结构不优

近年来，我国化妆品行业发展速度较快，至2015年2月，全国获得化妆品生产许可证的企业达到3880余家，已予许可或备案的化妆品产品达275000多个。同时，由于我国化妆品行业起步相对较晚，产业结构不优，知名企业少，知名品牌少，高端产品少，市场占有率低，中小型企业占比高，行业“小、散、乱”等问题突出。据统计，2014年，国内高端品牌市场占比不到20%。由于生产规模小，部分企业因生产经营、成本控制能力不足，产品质量市场竞争力不强，品牌效应差，难以维持正常运行。部分小型化妆品企业，只追求眼前利益，不关注产品安全问题，不认真执行生产规范，委托加工管理不规范，是造成产品安全性问题的重要原因。近年来的化妆品抽检结果显示，大中型化妆品企业的产品质量较稳定，小型企业的产品质量问题堪忧。

二、法规制度及标准不全

2013年食品药品监管体制改革，实现了化妆品监管职能的统一，但是化妆品安全监管法律法规、标准不健全的问题仍很突出。由于化妆品行业的快速发展，监管体制变革，《化妆品卫生监督条例》等法规和规章，作为化妆品监管的重要法律依据，已经不能完全满足化妆品监管工作要求。相关的配套规章制度、标准建设，也存在跟不上行业发展速度和监管需求的问题。与此同时，在整个食品药品监管体系中，化妆品监管的技术支撑体系、风险控制体系起步较晚，建设相对薄弱。上市后产品检测、风险评估、风险预警和再评价等工作需要进一步加强。生产经营监督措施需要进一步强化，生产全过程监管的制度尚需建立健全，违法违规打击力度不够，曝光率不高。监管队伍建设力度有待加强，特别是基层专业人员缺乏、监管力量薄弱、能力不足等问题突出。化妆品行业诚信体系建设滞后，行业自律作用发挥不够。

三、质量控制不严

化妆品安全风险成因除了上述市场机制的缺陷、制度规范的不完善，在技术层面主要表现为：

（1）化妆品生产控制不到位。在生产过程中未能采取严格的措施控制微生物污染，如生产环境、设备的不洁，或者使用的原料物质已被污染等。

（2）化妆品原料导致的过敏反应或刺激反应。由于化妆品中含有某些致敏原料或刺激性原料，具有敏感体质的消费者使用后容易引发过敏反应或皮肤刺激作用的不良反应。对引起不良反应的化妆品，以患者进行的斑贴试验结果可说明，在监测到的不良反应中大约三成左右与过敏反应或刺激反应有关。

（3）化妆品有毒、有害物质伤害。虽然有些物质已列入禁限名单中，但随着化妆品的发展，许多在用物质也可能不断暴露出安全问题，新配方所用的新添加物质安全性也有待验证，因此化妆品安全隐患依然存在。另外，部分不良生产厂家为牟取经济利益，企业擅自更改产品的备案、标准批准内容，非法添加和超量使用禁限用物质的情况时有发生，例如部分化妆品违法添加激素，导致消费者发生激素依赖性皮炎，给消费者的身心健康造成了伤害。

（4）化妆品的卫生质量不合格。有的化妆品生产企业不按照《化妆品安全技术规范》组织生产，导致化妆品出现卫生质量问题，造成消费者不良反应。

（5）部分美容院化妆品引起消费者不良反应后，未及时停用存在质量问题的化妆品或引导消费者到正规医院就诊，而是擅自为消费者提供治疗服务，导致消费者不良反应进一步恶化。

四、经营管理不善

化妆品的广告宣传问题。个别化妆品企业有意地虚假、夸大宣传，误导消费者，极易造成消费者选择与使用化妆品不当，进而带来伤害，或消费者个体具有过敏体质引起了化妆品不良反应。

五、美容服务业自律缺失

由于我国目前监管体制的问题，对于美容服务业的监管存在一定的盲区。美容服务业使用的化妆品质量问题较多，不良反应投诉比例高。由于美容院的产品进货渠道不规范，为增加盈利空间，许多店家用假冒劣质化妆品，其中部分化妆品重金属、苯酚、氢醌、激素等严重超标，给使用的顾客造成巨大的身心伤害。所以美容院的问题较复杂。在因美容引起的伤害案例中，无证行医或操作不当居首，产品质量问题居次。在产品质量问题中，美容院违法添加禁用物质或无证私自配制问题最严重。

综上所述，我国化妆品生产、经营、准入、监管尚存在漏洞；生产企业缺乏有效的质量控制；企业缺乏自律，生产企业对原料把关不严、生产规范执行不力、经营企业索证索票和进货查阅制度执行不到位；检验检测能力尚不能满足市场的需求等问题突出。化妆品安全事件还时有发生，安全问题必须继续予以高度关注。

第四节　化妆品安全风险监测与控制

一、基本概念

（一）化妆品安全风险监测评价

化妆品风险监测是指对化妆品风险要素的跟踪和记录，即按规定或监测计划要求，对化妆品安全风险要素的一个或多个参数进行连续或间断的反复采样、定量测量或观测。监测过程中需要确定检测范围、监测点的数目和布设、监测时间和频率、监测项目、检测方式等。化妆品的风险监测目的是积累对化妆品安全事件的认知，为风险评估、风险管理奠定基础。

风险评价是将估计后的风险或风险分析的结果与给定的风险准则对比，来决定风险严重性（风险等级）的过程。化妆品风险监测评价是指为了掌握化妆品安全状况，对化妆品安全水平进行检验、分析、评价分级和公告的活动。化妆品风险监测评价是指依据风险监测数据（包括不良反应信息），对化妆品风险各因素作用进行分析，预测损失程度的过程。化妆品风险监测评价的目的是为了掌握较为全面的化妆品安全状况，以便有针对性地对化妆品安全进行监管，并将监测与风险评估的结果作为制定化妆品安全标准、确定检查对象和检查频次的科学依据。因此，化妆品风险监测评价是化妆品风险评估的基础和前提，也是实施化妆品安全预警的主要信息来源。化妆品风险监测评价结果有助于评估化妆品安全问题的性质和程度，可提供剂量反应的有关信息，确定风险评估的结果，并应用于风险管理。化妆品风险监测评价的范围包括化妆品生产、流通和美容服务各环节。

化妆品风险监测评价的内容包括化妆品原料及相关产品、化妆品产品和化妆品的标识。

（二）化妆品安全风险评估基本程序

风险评估是指在风险事件发生之前或之后（但还没有结束），对该事件给人们的生活、生命、财产等各个方面造成的影响和损失的可能性进行量化评估的工作。化妆品中可能存在的安全性风险物质是指由化妆品原料带入、生产过程中产生或带入的，可能对人体健康造成潜在危害的物质。国家食品药品监督管理局《化妆品中可能存在的安全性风险物质风险评估指南》（国食药监许〔2010〕339号）对风险评估基本程序做出明确规定。风险评估基本程序由四部分组成。

1. 危害识别

根据物质的理化特性、毒理学试验数据、临床研究、人群流行病学调查、定量构效关系等资料来确定该物质是否会对人体健康造成潜在的危害。

2. 危害特征描述（剂量反应关系评估）

分析评价该物质的毒性反应与暴露之间的关系。对有阈值的化学物质，确定"未观察到有害作用的剂量水平（NOAEL）"或"观察到有害作用的最低剂量水平（LOAEL）"。对于无阈值的致癌物，可根据试验数据用合适的剂量反应关系外推模型来确定该物质的实际安全剂量（VSD）。

3. 暴露评估

一般可通过申报化妆品的产品类型和使用方法，结合化妆品中可能存在的安全性风险物质的含量或检出量，在充分考虑可能的化妆品使用人群（包括特殊人群，如婴幼儿、孕妇等）的基础上，定性和定量评价化妆品中可能存在的安全性风险物质对人体可能的暴露剂量。

4. 风险特征描述

确定该物质对人体健康造成危害的概率及范围。对具有阈值的物质，计算安全边际（MOS）。对于没有阈值的物质（如无阈值的致癌物），应确定暴露量与实际安全剂量（VSD）之间的差异。

（三）化妆品风险控制

风险控制是指风险管理者采取各种措施和方法，消灭或减少风险事件发生的各种可能性，或者减少风险事件发生时造成的损失。风险控制的四种基本方法是：风险回避、损失控制、风险转移和风险保留。

《风险管理术语》（GB/T 23694-2009）将风险控制定义为实施风险管理决策的行为，它可能包括监测、再评价和执行决策。

二、化妆品安全风险控制体系

国家食品药品监督管理局《关于加快推进保健食品化妆品安全风险控制体系建设的指导意见》(国食药监许〔2011〕132号)指出：通过合理布局、科学设置保健食品化妆品安全风险监控网络，加强市场监管，及时发现、消除保健食品化妆品安全风险隐患，力争在“十二五”规划期间，建立健全保健食品化妆品安全风险监测和预警平台，以及保健食品化妆品评价监测网、安全风险监测网、监督检验网，全方位、立体搭建我国保健食品化妆品安全风险控制体系，满足保健食品化妆品安全监管的需要，达到“早发现、早预警、早交流、早处置”的目标。

（一）安全风险控制体系建设的主要任务

安全风险控制体系建设的主要任务包括两个方面。

1. 构建“一个平台”

充分利用信息化手段，建立覆盖国家、省、地（市）三个层级的系统内部开放性化妆品安全风险监测和预警平台，收集汇总各类化妆品安全风险信息，开展分析评估，通过平台实施预警，实现各类安全风险信息在监管系统内部的快速交换与传达，通过对各类安全风险信息的分析、研判，快速实施或调整风险管理措施。

2. 完善“四个网络”

（1）评价监测网络：建立覆盖全国的化妆品安全监测点，通过对生产、流通领域的化妆品持续、定期、随机的检验和分析，对全国各地化妆品质量安全状况做出科学、客观的评价，综合反映我国化妆品质量安全的总体状况，为进一步开展风险评估、风险交流和风险管理提供依据。

（2）安全风险监测网络：根据科学研究的进展，全面开展化妆品安全风险监测和再评价工作。定期开展各类化妆品中微生物、重金属、农药残留量，以及功效或标志性成分含量、化妆品中禁限用物质、可能存在的安全风险物质等监测项目，根据监测结果，对产品不安全或不具备声称功能的，及时予以处理，进一步提高或完善化妆品原料要求及其产品技术要求。

（3）监督检验网络：以日常化妆品监管工作为基础，重点对风险程度较高、流通范围较广、消费量较大，以及受到消费者关注、易违法添加药物和禁用物质或超量超范围使用限用物质的化妆品开展针对性监督检验工作，构建覆盖全国的化妆品监督检验网络，为监管部门提供各类日常监管数据。

（4）化妆品不良反应监测网络：以建立完善化妆品不良反应监测点为基础，逐步推进各省级化妆品不良反应监测评价机构和国家食品药品监督管理局化妆品不良反应监测机构的建设。充分发挥皮肤病专业医院或综合医院皮肤科室在化妆品不良反应信息收集方面的主导作用，组织化妆品行业协会和消费者协会利用自身拥有的资源，收集不良反应信息后报送各省级监测评价机构，引导化妆品生产企业向各省级监测评价机构申报本企业的化妆品不良反应信息，由各监测评价机构对信息进行汇总处理后，向国家食品药品监督管理局化妆品不良反应监测机构报告，形成系统、科学、完善的化妆品不良反应监测网络。

（二）化妆品安全风险控制体系建设工作

化妆品安全风险控制体系建设工作分三个阶段逐步实施。

1. 建设阶段

构建体系框架。制定“一个平台”“四个网络”建设的有关意见，建立数据管理系统，启动体系搭建工作，分阶段完成体系建设信息与数据的收集上报、分析评估、信息发布、风险预警等模块的建设。开展基层执法人员培训，将建设成果尽快运用到保健食品化妆品监管工作中。

2. 完善阶段

进一步完善体系建设。国家食品药品监督管理局完成“一个平台”的建设和验收，并投入使用；各省级食品药品监管部门完成“四个网络”的建设和验收，并投入使用；各地（市）、县（区）级食品药品监督管理部门完成监督检验网的建设和验收，并投入使用。

3. 提高阶段

进一步提升体系各环节运行成效。健全保障措施，实现体系平稳、有序、高效运转。充分利用体系建设成果，全面提高保健食品化妆品安全监管水平。

第五节　化妆品安全性评价

一、化妆品安全性评价依据

目前，主要依据《化妆品安全技术规范》的要求，对化妆品安全性进行评价。

为进一步规范化妆品安全风险管理，国家食品药品监督管理总局正在制定的《化妆品安全风险评估指南》，将对化妆品原料和风险物质的风险评估程序作出明确规定，用于化妆品原料的风险评估和产品的安全评价，包括由原料或产品生产过程中不可避免带入的安全性风险物质的风险评估。

二、化妆品安全通用要求

1. 一般要求

化妆品应经安全性风险评估，确保在正常、合理的及可预见的使用条件下，不得对人体健康产生危害，其生产应符合化妆品生产规范的要求，生产过程应科学合理，保证产品安全。上市前应进行必要的检验，包括相关理化检验、微生物检验、毒理学试验和人体安全试验等，符合产品质量安全要求，经检验合格后方可出厂。

2. 配方要求

化妆品配方不得使用《化妆品安全技术规范》所列的化妆品禁用组分。若技术上无法避免禁用物质带入化妆品，应符合限量规定，未规定限量的，应进行安全性风险评估，确保在正常合理及可预见的使用条件下不得对人体健康产生危害。配方中的原料如属于《化妆品安全技术规范》化妆品限用组分中所列的物质，使用要求应符合规定。配方中所用防腐剂、防晒剂、着色剂、染发剂，必须是《化妆品安全技术规范》所列的物质，使用要求应符合规定。

3. 微生物学指标要求

化妆品中微生物指标应符合表 3–1 中规定的限值。

表 3–1　化妆品中微生物指标限值

微生物指标	限值	备注
菌落总数（CFU/g 或 CFU/ml）	≤ 500	眼部化妆品、口唇化妆品和儿童化妆品
	≤ 1000	其他化妆品
霉菌和酵母菌总数（CFU/g 或 CFU/ml）	≤ 100	
耐热大肠群菌 /g（或 ml）	不得检出	
金黄色葡萄球菌 /g（或 ml）	不得检出	
铜绿假单胞菌 /g（或 ml）	不得检出	

4. 有害物质限值要求

化妆品中有害物质不得超过表 3–2 中规定的限值。

表 3–2 化妆品中有害物质限值

有害物质	限值（mg/kg）	备注
汞	1	含有机汞防腐剂的眼部化妆品除外
铅	10	
砷	2	
镉	5	
甲醇	2000	
二恶烷	30	
石棉	不得检出	

5. 包装材料要求

直接接触化妆品的包装材料应当安全，不得与化妆品发生化学反应，不得迁移或释放对人体产生危害的有毒有害物质。

6. 标签要求

化妆品中所用原料按照本技术规范需在标签上标印使用条件和注意事项的，应按相应要求标注。

其他要求应符合国家有关法律法规和规章标准要求。

7. 儿童用化妆品要求

儿童用化妆品在原料、配方、生产过程、标签、使用方式和质量安全控制等方面除满足正常化妆品的安全性要求外，还应满足相关特定的要求，以保证产品的安全性。儿童用化妆品应在标签中明确适用对象。

8. 原料要求

化妆品原料应经安全性风险评估，质量安全要求应符合国家相应规定，并与生产工艺和检测技术所达到的水平相适应。原料技术要求内容包括化妆品原料名称，登记号（CAS 号和 / 或 EINECS 号、INCI 名称、拉丁学名等）、使用目的、适用范围、规格、检测方法、可能存在的安全性风险物质及控制措施等内容。其包装、储运、使用等过程，均不得对化妆品原料造成污染。直接接触化妆品原料的包装材料应当安全，不得与原料发生化学反应，不得迁移或释放对人体产生危害的有毒有害物质。对有温度、相对湿度或其他特殊要求的化妆品原料应按规定条件储存。化妆品原料应能通过标签追溯到原料的基本信息。属于危险化学品的化妆品原料，其标识应符合国家有关部门的规定。动植物来源的化妆品原料应明确其来源、使用部位等信息。动物脏器组织及血液制品或提取物的化妆品原料，应明确其来源、质量规格，不得使用未在原产国获准使用的此类原料。使用化妆品新原料应符合国家有关规定。

三、化妆品检测规定

《化妆品安全技术规范》对化妆品的检测作出了明确规定。

1. 毒理学检测项目

化妆品的新原料，一般需进行下列毒理学试验：

（1）急性经口和急性经皮毒性试验；

（2）皮肤和急性眼刺激性 / 腐蚀性试验；

（3）皮肤变态反应试验；

（4）皮肤光毒性和光敏感试验（原料具有紫外线吸收特性需做该项试验）；

（5）致突变试验（至少应包括一项基因突变试验和一项染色体畸变试验）；

（6）亚慢性经口和经皮毒性试验；

（7）致畸试验；

（8）慢性毒性 / 致癌性结合试验；

（9）毒物代谢及动力学试验；

（10）根据原料的特性和用途，还可考虑其他必要的试验。如果该新原料与已用于化妆品的原料化学结构及特性相似，则可考虑减少某些试验。

毒理学试验为原则性要求，可以根据该原料理化特性、定量构效关系、毒理学资料、临床研究、人群流行病学调查以及类似化合物的毒性等资料情况，增加或减免试验项目。

2. 理化检测

理化检验方法总则规定了化妆品禁、限用组分的理化检验方法的相关要求。

禁用组分检验方法规定了液相色谱 – 串联质谱法测定化妆品中氟康唑等 9 种组分的含量。

限用组分检验方法规定了高效液相色谱法测定化妆品中 α – 羟基酸的含量。

防腐剂检验方法规定了气相色谱法测定化妆品中苯甲醇的含量。

防晒剂检验方法规定了高效液相色谱 – 二极管阵列检测器法测定化妆品中苯基苯并咪唑磺酸等 15 种组分的含量。

着色剂检验方法规定了高效液相色谱法测定化妆品中碱性橙 31 等 7 种组分的含量。

染发剂检验方法规定了高效液相色谱法测定化妆品中对苯二胺等 8 种组分的含量。

3. 微生物检验方法

微生物检验方法总则规定了化妆品微生物学检验的基本要求。

菌落总数检验方法规定了化妆品中菌落总数的检验方法。

耐热大肠菌群检验方法规定了化妆品中耐热大肠菌群的检验方法。

铜绿假单胞菌检验方法规定了化妆品中铜绿假单胞菌的检验方法。

金黄色葡萄球菌检验方法规定了化妆品中金黄金色葡萄球菌的检验方法。

霉菌和酵母菌检验方法规定了化妆品中霉菌和酵母菌数的检测方法。

4. 人体安全性检验方法

人体安全性检验方法总则规定了化妆品安全性人体检验项目和要求。化妆品人体检验的基本原则要求，化妆品人体检验应符合国际赫尔辛基宣言的基本原则，要求受试者签署知情同意书并采取必要的医学防护措施，最大程度地保护受试者的利益。选择适当的受试人群，并具有一定例数。化妆品人体检验之前应先完成必要的毒理学检验并出具书面证明，毒理学试验不合格的样品不再进行人体检验。

化妆品人体斑贴试验适用于检验防晒类、祛斑类、除臭类及其他需要类似检验的化妆品。化妆品人体试用试验适用于检验健美类、美乳类、育发类、脱毛类、驻留类产品，卫生安全性检验结果 $pH \leq 3.5$ 或企业标准中设定 $pH \leq 3.5$ 的产品及其他需要类似检验的化妆品。

5. 人体功效评价检验方法

人体功效评价检验方法总则规定了化妆品功效评价的人体检验项目和要求。化妆品人体功效检验的基本原则规定，化妆品人体功效评价检验应符合国际赫尔辛基宣言的基本原则，要求受试者签署知情同意书并采取必要的医学防护措施，最大程度地保护受试者的利益。选择适当的受试人群，并具有一定例数。化妆品人体功效检验之前应先完成必要的毒理学检验及人体皮肤斑贴试验，并出具书面证明，人体皮肤斑贴试验不合格的产品不再进行人体功效检验。化妆品功效性检验目前包括防晒化妆品防晒指数（Sun Protection Factor, SPF 值）测定、防水性能测试，以及长波紫外线防护指数（Protection Factor of UVA, PFA 值）的测定。

第六节　化妆品不良反应监测

一、化妆品不良反应的定义

化妆品不良反应是指人们在日常生活中正常使用化妆品所引起的皮肤及其附属器的病变，以及人体局部或全身性的损害。不包括生产、职业性接触化妆品及其原料所引起的病变或使用假冒伪劣产品所引起的不良反应。

二、我国化妆品皮肤病诊断和化妆品不良反应监测情况

（一）化妆品皮肤病诊断标准的制定

为加强对化妆品人体不良反应的监测管理，1993~1997 年，卫生行政部门组织以皮肤科医生为主的专家队伍对化妆品引起的人体不良反应进行调查研究，认为化妆品主要引起皮肤不良反应，可引起的皮肤病变主要为“接触性皮炎”“痤疮”“毛发损害”“甲损害”“光感性皮炎”“皮肤色素异常”等，并进一步编制了《化妆品皮肤病变诊断标准及处理原则》等 7 项国家标准，于 1997 年发布，1998 年 12 月 1 日起实施。

（1）《化妆品皮肤病诊断标准及处理原则总则》（GB17149.1–1997）

（2）《化妆品接触性皮炎标准及处理原则总则》（GB17149.2–1997）

（3）《化妆品痤疮诊断标准及处理原则总则》（GB17149.3–1997）

（4）《化妆品毛发损害诊断标准及处理原则总则》（GB17149.4–1997）

（5）《化妆品甲损害诊断标准及处理原则总则》（GB17149.5–1997）

（6）《化妆品光感性皮炎诊断标准及处理原则总则》（GB17149.6–1997）

（7）《化妆品皮肤色素异常诊断标准及处理原则总则》（GB17149.7–1997）

（二）化妆品皮肤不良反应监测情况

卫生行政部门对化妆品皮肤病诊断机构上报的化妆品不良反应监测数据进行了总结分析，并分别于 2006 年、2007 年和 2008 年年初公布了 2005 年、2006 年和 2007 化妆品皮肤不良反应监测情况。

2005~2007 年，卫生行政部门分别组织中国人民解放军空军总医院、上海市皮肤病性病医院、天津市长征医院、重庆市第一人民医院和中山大学附属第三

医院等13家化妆品皮肤病诊断机构对化妆品引起的皮肤病发生情况进行了监测。

2005~2007年，各监测点按照监测工作要求和《化妆品皮肤病诊断标准及处理原则》(总则)(GB17149.1-1997)等8项皮肤病诊断国家标准进行诊断。

2005年共监测发现化妆品不良反应1053例，男性57例，女性996例。年龄集中在20~40岁之间，中高学历为主。监测到的不良反应病例数量比2004年增加了76例，病例年龄构成和职业分布等与前几年监测情况基本一致。从化妆品不良反应病变类型来看，1053例不良反应中，以化妆品接触性皮炎最常见，共939例，与往年情况基本一致，化妆品引起的不良反应中大部分病变比较局部、反应轻微，但也有一部分属于难以恢复或不可逆的严重损害。未发现由化妆品引起的群体伤害事件。

2006年共监测发现化妆品不良反应1496例，其中男性92例，女性1404例；年龄集中在20~40岁之间，以中高学历为主。2006年监测到的不良反应病例数量比2005年增加了443例，病例年龄构成和职业分布等与以往监测情况基本一致。不良反应以化妆品接触性皮炎最常见，共1210例，占总监测例数的80.9%，与往年情况基本一致。2006年监测发现了化妆品引起的激素依赖性皮炎24例，较往年增加明显。化妆品引起的不良反应大部分病变比较局部、反应轻微。未发现由化妆品引起的大范围群体伤害事件。

2007年共监测发现化妆品不良反应1571例，其中男性82例，女性1489例；年龄集中在20~40岁之间，以中高学历为主。2007年监测到的不良反应病例数量比2006年增加了75例，病例年龄构成和职业分布等与以往监测情况基本一致。2007年监测发现的不良反应以化妆品接触性皮炎最常见，共1352例，占总监测例数的86.1%。另外，监测发现化妆品引起的激素依赖性皮炎35例，较2006年增加明显。化妆品引起的不良反应大部分病变比较局部、反应轻微。

综上可见，化妆品不良反应总例数呈逐年上升趋势；化妆品不良反应病症以化妆品接触性皮炎为主，且化妆品引起的激素依赖性皮炎呈上升趋势。

将以上三年的监测结果汇总于表3-3。

表3-3 2005~2007年化妆品引起的皮肤病汇总（13家监测医院统计）

皮肤病类型	2005		2006年		2007年	
	病例数	所占比例%	病例数	所占比例%	病例数	所占比例%
接触性皮炎	789	74.9	1210	80.9	1352	88.1
痤疮	18	1.7	60	4.0	39	2.5

续　表

皮肤病类型	2005		2006 年		2007 年	
	病例数	所占比例 %	病例数	所占比例%	病例数	所占比例%
毛发损害	9	0.9	6	0.4	12	0.8
光感性皮炎	3	0.3	4	0.3	3	0.2
甲损害	——	——	2	0.1	1	0.1
其他	211	20	175	11.7	102	6.7
总计	1053	100	1496	100	1534	100

注：化妆品类型是根据病人提供化妆品包装或病人描述来判断的。

从引起不良反应的产品类型看来，2005 年监测到的化妆品不良反应共涉及 2295 种化妆品，其中国产普通化妆品 1039 种，国产特殊用途化妆品 162 种；进口普通化妆品 826 种，进口特殊用途化妆品 71 种。在引起不良反应的普通类产品中，护肤类化妆品数量最多，共有 1023 个；其次是抗皱类，共有 238 个。在引起不良反应的特殊用途化妆品中，防晒类化妆品数量最多，共有 107 个；其次是祛斑类，共有 86 个。值得注意的是有 52 个不良反应病例与美容院使用的化妆品有关，且病变通常较为严重。

2006 年引起不良反应的化妆品情况，共涉及 3276 种化妆品，其中国产普通化妆品 1457 种，国产特殊用途化妆品 228 种；进口普通化妆品 1299 种，进口特殊用途化妆品 92 种。普通类产品中以护肤类化妆品引起的不良反应数量最多，共有 1776 个；其次是抗皱类，共有 226 个。特殊用途化妆品以防晒类化妆品引起的不良反应数量最多，共有 141 个；其次是祛斑类，共有 92 个。有 106 个不良反应病例是由美容院、理发店使用的自制或来源不明的化妆品引起的，且病变通常较为严重，该类病例数量比 2005 年增加了 54 例。

2007 年的调查发现的化妆品不良反应共涉及 3121 种化妆品，由普通化妆品引起的皮肤病共 2451 例，占 78.5%；由特殊用途化妆品引起的皮肤病共 304 例，占 9.7%；普通类产品中以护肤类化妆品引起的不良反应数量最多，共有 1628 个；其次是抗皱类化妆品，共有 175 个。特殊用途化妆品以防晒类化妆品引起的不良反应数量最多，共有 157 个；其次是祛斑类，共有 79 个。另外，监测发现有 131 例不良反应病例是由美容院、理发店使用的自制或来源不明的化妆品引起的，且病变较为严重，该类病例数量比 2006 年增加了 25 例。

综上可见，普通化妆品导致不良反应的以护肤类产品居多，其次是抗皱类，特殊化妆品则以防晒类产品居多，其次是祛斑类；另外，美容院、理发店使用的自制或来源不明的化妆品引起的不良反应也呈上升趋势，且病变较为严重。

将以上三年的引起不良反应的化妆品情况汇总于表 3–4。

表 3–4　引起化妆品皮肤病的化妆品类型（2005~2007 年）

化妆品类型		2005 年（国产 / 进口）		2006（国产 / 进口）		2007（国产 / 进口）	
		例数	合计	例数	合计	例数	合计
普通类	护肤类	692/331	1039/826 共 1856	1091/685	1456/1299 共 2755	1024/604	1401/1050 共 2451
	抗皱类	82/156		58/168		51/124	
	保湿类	67/118		61/136		64/105	
	彩妆类	42/31		45/53		60/30	
	其他	156/190		201/257		202/187	
特殊类	防晒类	57/50	162/71 共 233	72//69	228/92 共 320	84/73	217/87 共 304
	祛斑类	73/13		82/10		70/9	
	其他	32/8		74/13		63/5	
不明来源化妆品		197	197	200	200	366	366
合计		2295	2295	3276	3276	3121	3121

注：化妆品类型是根据病人提供化妆品包装或病人描述来判断的。

三、国外化妆品不良反应的监测

（一）美国对化妆品不良反应的监测

美国食品药品管理局（FDA）主管化妆品和药品，美国食品药品管理局食物安全和应用营养中心（the Food and Drug Administration's Center for Food Safety and Applied Nutrition，简称 CFSAN）负责收集、统计、分析包括化妆品在内的多种产品引起的不良反应，并于 2002 年建立了美国食品药品管理局食物安全和应用营养中心不良事件报告系统（CFSAN Adverse Event Reporting System，CAERS），2003 年 5 月正式运行。通过消费者、生产厂家等自发对化妆品等产品引起不良反应的报告，进行追踪、监测、统计和分析。

在美国，消费者是化妆品不良反应的主要报告人之一。为保障消费者的权益，FDA 提供了周到的服务和承诺，在官方网站为消费者及从业人员建立了链接，使他们非常容易地得到应知的任何信息，同时还有多种投诉方法，如通过拨打 FDA 的紧急电话、与当地 FDA 联系、将事件通知生产商、分销商或零售商来报告。CAERS 可迅速将报告事件交给专业人员进行分析。此类信息可通过电话、邮寄、电子邮件或传真送达 CAERS，并通过电子手段传送给 CFSAN 的安全评估专家，开展相应调查工作。

CFSAN 的工作人员调查不良反应事件，并研究其发展趋势，帮助相关机构确定产生不良反应的原因和应采取的必要措施。如果发现某种产品可引起多种不良反应，相关机构将会采取行动召回此产品，并为消费者提供咨询服务，或采取调整措施。CFSAN 最初会给该产品的生产公司发函（如引起消费者死亡，该函会在收到报告的 24 小时之内发出），并附有消费者或健康护理专家的报告。

（二）法国对化妆品不良反应的监测

法国把化妆品不良反应分为化妆品不耐受、敏感性皮肤、不耐受性皮炎（刺激性皮炎、过敏性皮炎）、光敏性皮炎几种。消费者使用化妆品后出现不良反应，可到医院皮肤科变态反应室就诊，由医院上报给专门监测部门，并提醒生产企业。监测部门得到信息后上报卫生部和专家委员会，并为医院提供反馈信息，由卫生部对生产厂家提出警告或停止其销售。

综上所述，针对化妆品不良反应，大多数国家均以消费者或生产厂家等的自发报告为基础，而我国是以指定监测机构来报告；各国虽建立了自己的监测体系，但监测内容仅限于生产链下游的化妆品。

（三）瑞典对化妆品不良反应的监测

瑞典医疗产品管理局（Medical Products Agency，MPA）于 1989 年建立了化妆品监控系统（包括进口商、生产商及其产品登记）。MPA 发布有关化妆品和化妆用具的规章，负责瑞典的进口商和生产者及其产品的注册，检查市场上的化妆品，并为公司、健康护理人士和消费者提供信息。为了促进可能有害的产品和成分的检测，MPA 设立了由化妆品及化妆用具引起不良反应的自愿报告系统，可由医生、消费者及其他人提出报告。

登记不良反应报告之后，MPA 将会给生产商发函要求提供该产品的成分清单，由毒理学家检测成分并确保其符合法律规定，如果该产品不符合法律规定或被认为是有害的，MPA 有权在瑞典市场上禁止其出售。之后由两位皮肤科医生做出医学评估，分析可能原因，最后 MPA 将评估结果反馈给提出报告的医师和生产商。

四、我国化妆品不良反应监测体系建设

为加快推进化妆品不良反应监测体系建设，加强化妆品不良反应监测与评价工作，维护消费者健康权益，国家食品药品监督管理局《关于加快推进化妆品不良反应监测体系建设的指导意见》（国食药监保化〔2011〕476号）提出，通过统筹规划，合理布局，整合资源，分级管理，落实责任，明确不良反应监测机构职责，完善不良反应监测机制和制度，积极开展化妆品不良反应监测与评价工作，拓宽不良反应信息收集渠道，畅通不良反应监测信息报送渠道，加快推进化妆品不良反应监测体系建设，建立健全覆盖全国的化妆品不良反应监测网络。

（一）化妆品不良反应监测体系监测范围

凡在中华人民共和国境内上市销售使用的化妆品所引起的不良反应，均属于我国化妆品不良反应监测工作范围。

（二）化妆品不良反应监测体系职责分工

（1）国家食品药品监督管理局负责全国化妆品不良反应监测的管理。主要是制定化妆品不良反应监测的相关政策法规及技术标准并监督实施；制定监测哨点的人员、设备、环境和管理等方面应具备的条件，组织开展对监测哨点的认定、考核，并实施动态管理。通报全国化妆品不良反应监测情况。

（2）国家化妆品不良反应监测机构负责全国化妆品不良反应监测技术支撑工作。主要是承担全国化妆品不良反应报告资料的收集、分析、评价、反馈和报告；承担国家化妆品不良反应监测信息系统的建设与维护；参与化妆品不良反应监测的国际交流；组织开展化妆品不良反应监测方法的研究。

（3）省级食品药品监督管理局负责本行政区域内化妆品不良反应监测的管理。主要是制定本行政区域内化妆品不良反应监测工作实施方案并监督实施；组织对本行政区域内监测哨点的考核管理；组织本行政区域内化妆品不良反应监测的宣传培训。

（4）省级化妆品不良反应监测机构（以下称省级监测机构）负责承担本行政区域内化妆品不良反应监测技术支撑工作。主要是承担本行政区域内化妆品不良反应报告资料的收集、分析、评价、反馈和报告；承担本行政区域内化妆品不良反应监测信息系统的建设与维护。

（5）化妆品不良反应监测哨点主要负责承担本哨点接受就诊或咨询的化妆

品不良反应案例的调查、信息的收集，并定期报送监测机构，重大群体性化妆品不良反应及时报告；协助监管部门承担化妆品安全性评价。

（6）化妆品生产经营企业主要负责本企业所生产经营化妆品的不良反应监测和报告工作。发现可能与使用化妆品有关的不良反应案例应详细记录、调查、分析、评价、处理，并定期向所在地监测机构报告，重大群体性化妆品不良反应及时报告，积极采取有效措施，防止化妆品不良反应的重复发生。

（7）消费者协会等社会团体，发现化妆品不良反应案例可直接向所在地监测机构或国家监测机构报告。

（三）化妆品不良反应监测体系建设

1. 搭建一个平台

搭建化妆品不良反应监测信息管理平台。实现各级不良反应监测信息的收集、汇总、分析、处理、报告等功能，其他医疗机构、化妆品生产经营企业、社会团体和消费者可以通过平台报告化妆品不良反应案例，实现化妆品不良反应信息互动和交流。

2. 完善三个体系

（1）政策体系：结合工作实际，研究制定化妆品不良反应监测信息报告管理办法、化妆品不良反应监测评价规范及化妆品不良反应监测规划和实施方案。

（2）标准体系：根据实际需要，会同有关部门开展标准制定等基础性研究，并对标准实施效果进行评估，不断完善化妆品不良反应诊断标准体系。

（3）管理体系：建立健全各级监测机构和监测哨点的管理体系，建立健全诊断、报告、数据收集、汇总、分析等制度。

3. 健全四项制度

（1）信息报告制度：完善日常信息和重大群体性化妆品不良反应报告制度，实现信息渠道畅通。各级监测机构要建立信息报告制度，省级局要指导本行政区域内化妆品企业、社会团体建立化妆品不良反应监测信息报告制度。

（2）信息管理制度：国家局、省级局和各级监测机构要根据层级明确相应的信息管理权限，建立相应的信息管理制度，明确信息报送、归集、管理相关流程。

（3）信息发布制度：国家局、省级局根据信息发布的权限，研究制定相关化妆品不良反应监测信息发布制度。

（4）风险评估制度：国家局研究制定化妆品不良反应风险评估制度，加强重大群体性化妆品不良反应风险评估、风险交流、风险控制，开展评估方法研究等。

（四）化妆品不良反应监测体系建设实施步骤

1. 集中建设阶段（2011~2013 年）

积极配合有关部门，明确国家监测机构和相应职能，配备必要人员。各省级局明确省级监测机构。国家局有关部门在现有监测哨点的基础上，通过认定与考核，建立覆盖全国各省（区、市）的监测哨点，加强技术能力建设和技术培训工作，进一步完善监测工作机制。分阶段开发化妆品不良反应监测信息系统，完成上报、分析评价、信息发布、风险预警等模块建设。

2. 逐步完善阶段（2014~2015 年）

根据工作实际，按照“鼓励建设、自愿申报、经费自筹”的原则，推进设区市级监测机构和监测哨点建设。通过试点与逐步推广，将不良反应监测哨点扩大分布到全国各设区市，使化妆品不良反应监测体系在信息收集、传送、分析以及数据库等方面的功能得以充分发挥。该体系将不仅仅停留在对化妆品不良反应的诊断和监测的平面上，而要和化妆品的监督直接挂钩，建立起“消费－诊断机构－化妆品卫生安全评价机构－监督机构”对违法产品的快速反应链，从而迅速有效地发现查处问题化妆品，保护消费者健康。

监管实务篇

第四章　化妆品监管法规体系

第一节　化妆品监管的主要职责

一、化妆品监管体制概述

2008年9月1日，化妆品卫生监督职能由卫生部移交国家食品药品监督理局。国家食品药品监督管理部门在化妆品监督管理方面的职责包括：制定化妆品安全监督管理的政策、规划并监督实施；参与起草化妆品监管相关法规；拟订化妆品卫生标准和技术规范并监督实施；负责化妆品行政许可，主要是化妆品新原料使用、国产特殊用途化妆品生产和化妆品首次进口等的审批工作；承担化妆品的安全性评审工作；组织查处化妆品研制、生产、流通和使用方面的违法行为；承担化妆品检验检测机构资格认定和监督管理；组织实施相关的稽查抽验，发布质量公告和抽验结果；对产品召回进行监督；组织开展化妆品监督检查，依法查处重大违法案件；组织对有关突发不良事件的风险评估和产品质量安全突发事件的应急处理。食品药品监管系统的职能还包括对化妆品生产企业实施卫生许可与日常监督，对化妆品经营的卫生监督等。

质量技术监督部门负责化妆品生产许可监督管理和进出化妆品的检验检疫。工商行政管理部门负责化妆品广告管理和流通领域监管。工业与信息化管理部门、商务部门等，在各自职责范围内负责与化妆品管理有关的工作。其中，2003年至2008年期间，食品药品监督管理部门承担化妆品监管的综合监督、组织协调和重大案件查处的职能。

2013年前，我国对化妆品实施产品许可（备案）、生产企业许可和市场监督制度，施行以卫生监督为基础的多部门监管体制。2013年3月26日，《国务院办公厅关于印发国家食品药品监督管理总局主要职责内设机构和人员编制规定的通知》(国办发〔2013〕24号)明确，国家食品药品监督管理总局负责起草化妆品监督管理的法律法规草案，拟订政策规划，制定部门规章；负责制定化妆品监督管理的稽查制度并组织实施，组织查处重大违法行为。建立问题产品召回和处置制度并监督实施。同时，明确将化妆品生产行政许可与化妆品卫生行政许可两项行政许可整合为一项行政许可；将国家质量监督检验检疫总局化妆品生产行政许可、强制检验的职责，划入国家食品药品监督管理总局；将进口非特殊用途化妆品行政许可职责下放省级食品药品监督管理部门。构建了我国化妆品监管新的体现，并实现了统一监管。

二、化妆品监管的主要职责

（一）食品药品监督管理部门职责

根据2008年国务院《国家食品药品监督管理局主要职责内设机构和人员编制规定》，国家食品药品监督管理局职责有两个大的变化，一是将综合协调食品安全、组织查处食品安全重大事故的职责划给卫生部；二是将卫生部食品卫生许可，餐饮业、食堂等消费环节食品安全监管和保健食品、化妆品卫生监督管理的职责，划入国家食品药品监督管理局。

2011年，中央机构编制委员会办公室“关于食品药品监管局有关内设机构更名和职责调整的批复”进一步明确了国家食品药品监督管理局承担的化妆品监管职能。

1. 国家食品药品监督管理局的化妆品监管工作范围

（1）承担化妆品卫生许可管理工作；

（2）拟订化妆品卫生许可规范；

（3）拟订化妆品卫生标准和技术规范；

（4）承担化妆品新原料使用、国产特殊用途化妆品生产和化妆品首次进口等的审批工作；

（5）依法承担有关化妆品安全性评审工作；

（6）承担化妆品卫生监督管理工作。

2. 省级食品药品监督管理局化妆品监督主要职责

（1）主管辖区内化妆品监督工作，负责检查和指导地、市级食品药品监督管理部门的化妆品监督工作，组织经验交流；

（2）对辖区内化妆品生产企业实施预防性监督，核发和换发《化妆品生产许可证》；

（3）配合国家局，对国产特殊用途化妆品开展生产能力审核工作，并负责国产非特殊用途化妆品的备案工作；

（4）组织对省、自治区、直辖市食品药品监督管理部门认为的辖区内化妆品安全较大案件的调查处理。

以上职责与国办发〔2013〕24号文的内容，共同构成了食品药品监管部门的化妆品监管职责。

（二）化妆品监管人员职责

《化妆品卫生监督条例》（以下简称《条例》）及《化妆品卫生监督条例实施细则》对化妆品监管人员的职责、权力和义务做出了明确规定：

（1）参加新建、扩建、改建化妆品生产企业的选址和设计卫生审查及竣工验收；

（2）对化妆品生产企业和经营单位进行卫生监督检查，索取有关资料，调查处理化妆品引起的危害健康事故；

（3）对违反《条例》的单位和个人提出行政处罚建议；

（4）化妆品监管人员有权按照国家规定向生产企业和经营单位抽检样品，索取与卫生监督有关的安全性资料，任何单位不得拒绝、隐瞒和提供假材料；

（5）不准在化妆品生产、经营单位兼职或任顾问，不准与化妆品生产、经营单位发生有碍公务的经济关系；

（6）在实施化妆品监管时，应当佩戴证章，出示证件。化妆品监管人员对生产企业提供的技术资料应当负责保密。

三、化妆品监管的主要任务

目前，我国对化妆品实行的是以《化妆品卫生监督条例》为主要监管法规依据，以《化妆品安全技术规范》和《化妆品生产企业卫生规范》为主要技术依据，事前许可和事后监督相结合的卫生监督制度。制度设计的重点由以事前许可为主逐渐向以事后监督为主转移。

1989年9月26日国务院批准，卫生部第3号令发布的《化妆品卫生监督条例》仍然是目前我国实行化妆品卫生监管的最高专业法规，自1990年1月1日起施行至今，对规范我国化妆品市场，保护消费者健康，促进我国化妆品行业的快速健康发展起到了至关重要的作用。《条例》对我国化妆品的主要监管制度和政策，以及主管部门职责都作了规定。

第二节　我国化妆品政策法规及监管体系

长期以来，我国对化妆品的管理是由多部门、多个法规和多个标准进行管理的，它的管理可由综合法规、规范性文件及公告等方面体现。

一、法规

目前，我国的化妆品行政法规主要有《化妆品卫生监督条例》。

《化妆品卫生监督条例》于1989年9月26日经国务院批准，1989年11月13日卫生部令第3号发布。《化妆品卫生监督条例》是我国化妆品监督管理的主要法律依据，是化妆品行业法规的根源，对化妆品进行了定义，化妆品行业的其他法规和规范性文件都要以《化妆品卫生监督条例》为准则。条例对化妆品生产的卫生监督、化妆品经营的卫生监督、化妆品卫生监督机构与职责和罚则作了相应规定。

（一）《化妆品卫生监督条例》的制定

1985年7月卫生部组织了《化妆品卫生监督条例》《化妆品卫生标准》等起草工作。起草过程中征集了各省、市卫生部门化妆品卫生调查及各地对化妆品卫生管理方面的经验，广泛听取有关方面意见，同时参考了日本、英国、美国、阿根廷等国以及我国台湾地区的化妆品法规，经反复修改完善，1989年9月26日经国务院批准，由卫生部颁布，自1990年1月1日起在全国施行。这是第一部化妆品卫生监督管理的国家法规，标志着我国化妆品卫生管理工作纳入了法制化管理的轨道。

（二）《化妆品卫生监督条例》的主要内容

《化妆品卫生监督条例》（以下简称《条例》）分总则、化妆品生产的卫生监督、化妆品经营的卫生监督、化妆品卫生监督机构与职责、罚则和附则六章，共三十五条。主要内容包括：制定条例目的、化妆品概念、化妆品卫生监督性质、化妆品生产的卫生监督、化妆品经营的卫生监督、化妆品卫生监督机构与职责及对违反条例的行为处罚规定。

（三）《化妆品卫生监督条例》的制定目的

《条例》第一条规定了条例制定的三个目的：一是加强化妆品的卫生监督；二是保证化妆品的卫生质量和使用安全；三是保障消费者健康。前两个是条例的直接目的，后者是《条例》要通过直接目的而实现的根本目的与长远目的。

（四）化妆品卫生监督的性质

国家实行化妆品卫生监督制度。它表明化妆品卫生监督是国家卫生监督的性质，卫生行政机关是行政执法的主体。国务院卫生行政部门（即卫生部）主管全国化妆品的卫生监督工作；县级以上地方各级人民政府的卫生行政部门主管本辖区化妆品的卫生监督工作，后经职能转变，属于国家食品药品监督管理局主管。

（五）化妆品生产的卫生监督

《条例》的第二章对化妆品生产的卫生监督进行了规定，本章分八条，分别为化妆品生产企业的卫生许可证；化妆品生产企业的卫生要求；化妆品生产的人员要求；生产化妆品所需的原料、辅料以及直接接触化妆品的容器和包装材料；化妆品新原料；生产特殊用途的化妆品；化妆品卫生质量检验；化妆品标签标识。

1. 化妆品生产企业卫生许可

《条例》第五条规定：对化妆品生产企业的卫生监督实行卫生许可证制度。规定凡从事化妆品（除牙膏、香皂外）生产的企业，必须取得省、自治区、直辖市卫生厅（局）批准核发的《化妆品生产企业卫生许可证》方可生产。卫生许可证由省级人民政府卫生行政部门批准并颁发，卫生许可证有效期四年，每二年复核一次。未取得卫生许可证的单位不得从事化妆品生产活动。

按《条例》核发卫生许可证时，只包括对生产条件的卫生监督审查，不包括产品质量的检查。《条例》第六条明确化妆品生产企业必须具备的卫生要求。为进一步加强和规范化妆品生产企业的卫生管理，根据该条的规定，卫生部于 1996 年 1 月发布了《化妆品生产企业卫生规范》（以下简称《规范》），并于 2007 年 7 月对该《规范》进行了修订。

2015 年 12 月 15 日国家食品药品监督管理总局发布的《关于化妆品生产许可有关事项的公告》中提出对化妆品生产企业实行生产许可制度。从事化妆品生产应当取得食品药品监管部门核发的《化妆品生产许可证》。《化妆品生产许可证》有效期为5年，其式样由国家食品药品监督管理总局统一制定，2017年1月1日起统一启用。已获得国家质量监督检验检疫总局发放的《全国工业产品生产许可证》和省级食品药品监督管理部门发放的《化妆品生产企业卫生许可证》的化妆品生产企业，其许可证有效期自动顺延的，截止日期为2016年12月31日。

此外，卫生部于1996年9月9日发布的“关于1996年全国化妆品抽检情况的通报”中指出：“对美容院、理发店自行配制的化妆品和外购给顾客使用的化妆品，分别按化妆品生产和销售行为进行卫生监督管理。”此项规定表明，如果理发美容单位要自行配制化妆品，其生产条件必须符合《规范》要求，必须取得生产企业卫生许可证后方可生产。由于理发店、美容院一般不具备《规范》所要求的生产条件，此项规定的实际意义就是不允许理发店、美容院自行配制化妆品。

2. 化妆品生产人员卫生监督

直接从事化妆品生产的人员，如果是传染病的患者，则极有可能通过与产品的接触，造成疾病的传播。《条例》第七条规定，凡患有手部的手癣、指甲癣、手部湿疹、银屑病或者鳞屑、渗出性皮肤病以及患有痢疾、伤寒、病毒性肝炎、活动性肺结核等传染病者，不得直接从事化妆品生产活动。生产人员必须每年进行健康检查，取得健康证后方可从事化妆品的生产活动。

3. 化妆品原料、新原料卫生监督

《条例》第八条规定，生产化妆品所需的原料、辅料以及直接接触化妆品的容器和包装材料必须符合国家卫生标准。

新原料是指在国内首次使用于化妆品生产的天然或人工原料,《条例》第九条规定，使用化妆品新原料生产化妆品，必须经卫生部批准。对在我国首次使用的化妆品新原料进行审查，是保证产品安全性的有力措施之一。随后卫生部加大了对化妆品新原料的管理，于2003年4月发布了《中国已使用化妆品成分名单》。

国家食品药品监督管理总局在2014年6月30日发布《已使用化妆品原料名称目录》，并于2015年12月23日进行调整更新，公布了8783种化妆品原料。

4. 生产特殊用途的化妆品卫生监督

特殊用途化妆品是指用于育发、染发、烫发、脱毛、美乳、健美、除臭、祛斑、防晒的化妆品。不同于一般化妆品，特殊用途化妆品具有一定的效果和功能，有些含有一些特殊成分，如不严格审查和经过安全性实验，就可能对消费者造成一定的危害。因此,《条例》第十条规定，生产此类化妆品，必须经国务院卫生行政部门批准，取得批准文号后方可生产。

5. 产品检验

《条例》第十一条规定，企业在化妆品出厂投放市场前，按照相关要求必须进行产品质量检验合格出厂，不合格，不准出厂。

6. 化妆品标签标识卫生监督

《条例》第十二条规定，化妆品标签上应当注明产品名称、厂名，并注明生产企业卫生许可证编号；小包装或者说明书上应当注明生产日期和有效使用期限。特殊用途的化妆品，还应当注明批准文号。对可能引起不良反应的化妆品，说明书上应当注明使用方法、注意事项。同时《条例》还规定化妆品标签、小包装或者说明书上不得注有适应症，不得宣传疗效，不得使用医疗术语。

（六）化妆品经营的卫生监督

《条例》的第三章是关于化妆品经营的卫生监督，本章分4条，主要对化妆品经营单位、化妆品的广告宣传、进口化妆品的卫生监督进行了规定。根据规定，化妆品经营单位在进货时必须严格审查产品的生产企业是否有卫生许可证，特殊用途化妆品和进口化妆品是否有卫生部颁发的卫生许可批件，化妆品标签是否符合国家标准规定。

1. 化妆品广告宣传的卫生监督

《条例》第十四条规定，化妆品的广告宣传不得有下列内容：

（1）化妆品名称、制法、效用或者性能有虚假夸大的；

（2）使用他人名义保证或以暗示方法使人误解其效用的；

（3）宣传医疗作用的。

为加强对化妆品广告的管理，国家工商管理局于1993年7月13日发布了《化妆品广告管理办法》，自1993年10月1日起施行。《办法》第四条规定，化妆品广告的管理机关是国家工商行政管理局和地方各级工商行政管理机关。

2. 进口化妆品的卫生监督

《条例》第十五条、第十六条规定，首次进口的化妆品须经国务院卫生行政部门许可；化妆品进口时，还须经国家商检部门检验合格。为贯彻《行政许可法》，卫生部自2004年8月1日起简化了对进口非特殊用途化妆品的卫生许可程序，对进口非特殊用途化妆品实行备案管理。

（七）化妆品卫生监督机构与职责

《条例》第四章为化妆品卫生监督机构与职责，规定了各级卫生行政部门行使化妆品卫生监督职责，指定化妆品卫生监督检验机构，并设化妆品卫生监督员，对化妆品实施卫生监督。

《条例》还规定卫生部聘请有关专家组成化妆品安全性评审组，对进口化妆品、特殊用途的化妆品和化妆品新原料进行安全性评审，对化妆品引起的重大事故进行技术鉴定。

对因使用化妆品引起不良反应的病例，《条例》要求各医疗单位应当有义务向当地卫生行政部门报告。

（八）行政处罚

《条例》第五章为罚则。对化妆品生产和销售企业违反《条例》有关规定的行为，处罚种类有：警告、没收产品及违法所得、罚款、责令生产企业停产、责令经营单位停止经营、吊销化妆品生产许可证、撤销特殊用途化妆品批准文号和进口化妆品批准文号。在予以上述行政处罚的同时，应通知其限期改进。对企业予以停产或停止经营的处罚时，一般是对具有违法行为部分进行停产或停止经营。对化妆品卫生监督员滥用职权、营私舞弊，以及泄露企业提供的技术资料的，由相关行政部门给予行政处分，造成严重后果，构成犯罪的，由司法机关依法追究刑事责任。

二、化妆品监督规章及规范性文件

（一）《化妆品卫生监督条例实施细则》

《化妆品卫生监督条例实施细则》（以下简称《实施细则》），1991 年 3 月 27 日卫生部令第 13 号发布，2005 年 5 月 20 日卫生部对其进行了修改。

《实施细则》是原卫生部根据《条例》第三十四条的规定而制定的，共分八章，六十二条。

（二）《化妆品安全技术规范》

1. 概述

卫生部于 1987 年发布 4 项有关化妆品卫生的标准，即《化妆品卫生标准》《化妆品卫生化学标准检验方法》《化妆品微生物学标准检验方法》《化妆品安全性评价程序和方法》。这些强制性技术标准在控制化妆品质量和确保化妆品安全性方面发挥了重要作用。

随着社会发展和技术的进步，为了能把最新科技发展引入技术标准，卫生部于1999年发布了《化妆品卫生规范》，并于2002年、2007年分别对其进行修订。

随着我国化妆品监管和检验水平的提高，国家食品药品监督管理总局再次组织完成了对《卫生规范》的修订工作，编制了《化妆品安全技术规范》(简称《技术规范》)，2015年12月23日批准颁布，自2016年12月1日起施行。在将《卫生规范》与全球主要国家和地区（包括欧盟、美国、日本、韩国、加拿大和中国台湾等）化妆品相关法规标准进行比对分析的基础上，根据科学合理、保障安全的原则，调整了化妆品中的禁限用组分要求，调整了部分准用组分的限量要求和限制条件。同时，根据部分安全性风险物质的风险评估结论，调整了铅、砷的管理限值要求，增加了镉的管理限值要求；根据国家食品药品监督管理总局规范性技术文件的要求，收录了二恶烷和石棉的管理限值要求，适应性与可操作性进一步提高。

《化妆品安全技术规范》充分借鉴国际化妆品质量安全控制技术和经验，全面反应了我国当前化妆品行业的发展和检验检测技术的提高，将在推动我国化妆品科学监管，促进化妆品行业健康发展，提升我国化妆品技术规范权威性和国际影响力等方面发挥重要作用。

2. 主要内容

《技术规范》共分八章，第一章为概述，包括范围、术语和释义、化妆品安全通用要求。第二章为化妆品禁限用组分要求，包括1388项化妆品禁用组分及47项限用组分要求。第三章为化妆品准用组分要求，包括51项准用防腐剂、27项准用防晒剂、157项准用着色剂和75项准用染发剂的要求。第四章为理化检验方法，收载了77个方法。第五章为微生物学检验方法，收载了5个方法。第六章为毒理学试验方法，收载了16个方法。第七章为人体安全性检验方法，收载了2个方法。第八章为人体功效评价检验方法，收载了3个方法。

（三）化妆品行政许可

2015年12月15日国家食品药品监督管理总局发布的《关于化妆品生产许可有关事项的公告》中提出对化妆品生产企业实行生产许可制度，并制定了《化妆品生产许可工作规范》和《化妆品生产许可检查要点》。从事化妆品生产应当取得食品药品监管部门核发的《化妆品生产许可证》。《化妆品生产许可证》有效期为5年，其式样由国家食品药品监督管理总局统一制定，2017年1月1日起统一启用。

（四）化妆品生产和经营监管的法规依据

为做好化妆品生产经营监管工作，规范化妆品生产经营监督行为，根据《化妆品卫生监督条例》及其实施细则，国家食品药品监督管理局组织制定了《化妆品生产企业日常监督现场检查工作指南》和《化妆品经营企业日常监督现场检查工作指南》。

1.《化妆品生产企业日常监督现场检查工作指南》

该指南适用于食品药品监督管理部门对已取得《化妆品生产企业卫生许可证》的化妆品生产企业，按照《化妆品卫生监督条例》及化妆品相关规定进行的现场监督检查。

2.《化妆品经营企业日常监督现场检查工作指南》

该指南适用于食品药品监督管理部门对已取得许可证的化妆品经营企业，按照《化妆品卫生监督条例》及化妆品相关规定进行的现场监督检查。

（五）化妆品产品标准体系

1. 我国化妆品标准体系基本情况

我国化妆品标准经过近20年的制订、修订已经形成体系，主要包括基础标准、方法标准、卫生标准、产品标准和原料标准。

此外，卫生部还发布了大量的化妆品卫生规章，国家质量监督检验检疫总局依据《中华人民共和国标准化法》《中华人民共和国产品质量法》，制定了《消费品使用说明　化妆品通用标签》《化妆品分类》等标准和具体的标准检验方法等，原轻工业部也发布了一些与产品质量有关的国家标准，这些标准和规章构成了我国目前的化妆品标准体系。

2. 我国现行的化妆品标准

化妆品产品质量之优劣，不但关系到消费者的经济利益，而且直接影响到人民群众的身体健康。为了加强对化妆品生产领域和流通领域产品的质量控制，化妆品行业先后制定了如下标准。

（1）产品标准29个。如QB/T1857 — 2004润肤膏霜、QB/T2286 — 1997润

肤乳液、QB/T2873 — 2007 发用啫喱等产品标准。

（2）基础标准 4 个。包括 GB 5296.3-1995 消费品使用说明　化妆品通用标签、GB/T 18670-2002 化妆品分类、QB/T 1684-2006 化妆品检验规则、QB/T 1685-2006 化妆品包装外观要求。

（3）方法标准 13 个。如 GB/T 13531.1-2000 化妆品通用试验方法 pH 值的测定、QB/T 2408-1998 化妆品中维生素 E 含量的测定等。

（4）卫生标准 18 个。如 GB 7917.1-1987 化妆品卫生化学标准检验方法　汞、GB 7918.5-1987 化妆品微生物标准检验方法　金黄色葡萄球菌、GB17149.2-1997 化妆品接触性皮炎诊断标准及处理原则等。

（5）其他相关标准。如 QB/T 1507-2006 日用香精、GB/T 14449-1993 气雾剂产品测试方法等等。

其中，大多数产品标准已过渡为推荐性的行业标准，由生产企业决定是否采用。

三、其他部门对化妆品监管的法规文件

国家质量监督检验检疫总局对化妆品监管的依据和职责：依据《产品质量法》《工业产品生产许可证管理条例》《工业产品生产许可证管理条例实施办法》《化妆品标识管理规定》及《进出口化妆品监督检验管理办法》等法规，承担化妆品生产许可证发放，化妆品的质量监督及化妆品标识标签的监督，以及进出口化妆品监督检验等监管工作。

国家工商行政管理总局对化妆品监管的依据和职责：依据《化妆品广告管理办法》，对化妆品广告进行监管。

第三节　国外的主要化妆品监管体系

一、美国及欧盟化妆品监管体系

（一）美国化妆品监管体系

美国化妆品的法规和安全性建立在企业自律的基础之上，无须 FDA 进行事

前审批。在美国，管理化妆品和药物的法规基础是1938年的联邦《食品药品和化妆品法案》(《FD& C法案》)。《FD&C法案》规定化妆品和药品不能掺假伪劣和错误标注；也就是说，化妆品按照预期用途使用必须是安全的，并且必须进行正确的标注。出售化妆品和化妆－药品的公司有责任使其产品符合所有相关的法规并确保使用者的安全。否则，将会导致FDA以错误标注或产品掺假伪劣为依据对责任者进行制裁。

美国的监管政策是以法规形式建立的，即是由国会表决通过，经总统签署生效的法律条款。与化妆品有关的法规就是《FD&C法案》。FDA是美国卫生与公众服务部的下属机构，负责《FD&C法案》的实施，通过保证食品、药品和化妆品的质量、安全性和有效性来保护美国消费者的利益。由于《FD&C法案》相对笼统，因此FDA通过发布规章、指南、政策声明、函件和讲话来为《FD&C法案》的具体实施提供框架。规章用于正式贯彻实施《FD&C法案》。规章具有法律约束力，在《联邦规章法典》(CFR)中发布。CFR每年更新一次，将之前的12个月内发布的规章囊括其中。指南是用于解释规章的技术或政策性文件，并且代表着FDA在某个问题上的最新的思想。虽然指南没有法律约束力，但是它们对于了解FDA将实行的标准提供了有用的参考。全部资料，包括FDA官员的讲话及函件都可以通过FDA网站(www.FDA.gov)获得，或通过《信息自由法》获得。

规章的实施是由FDA的科学家们来完成的。FDA食品安全与应用营养学中心，通常简称为CFSAN，负责化妆品的安全性和标注的管理，而FDA药品评价与研究中心(CDER)则负责处方药、非处方药和非专利药的管理。FDA希望公司能够完全遵循与它们的产品有关的全部规章。如果某家公司没有遵守规章，FDA拥有多种途径来促使产品符合法规要求。这些途径包括：与公司的讨论、正式的FDA警告信、对生产设施的检查、对市售化妆品的检查，以及更加严厉的手段，例如扣押化妆品和化妆品－药品，并停止其销售。

FDA主要负责化妆品和非处方药的标签管理，另一个政府机构——联邦贸易委员会(FTC)主要负责化妆品和非处方药的广告管理。联邦贸易委员会主要负责对不正当和欺诈性行为的管制。所有广告宣传必须真实可靠、不带有误导性，并且必须有可以证明其宣传合理性的依据。在进行宣传之前，公司必须证实这些宣传的正确性；化妆品的广告宣传只有在有数据支持时才可以做出。联邦贸易委员会(FTC)负责监控刊载的(例如，产品标签、杂志、因特网)或播放的(例如收音机、电视)产品宣传，并且将对做虚假或者无确实根据的宣传的公司采取行动。有时，针对化妆品和药品欺骗性声明的行为，FDA和联邦贸易委员会(FTC)

会对化妆品和药品的欺诈行为采取联合行动，特别是涉及产品标签上的宣传时。

在美国，没有针对化妆品的事前注册许可程序，FDA也不对化妆品的有效性和安全性或其标签进行审批。生产者对其化妆品的安全性、产品成分及产品与规章的相符负有完全的责任。所有的化妆品，即使是从美国以外进口的，都会以这种同样的方式加以管理。国产化妆品的有关规章也同样适用于美国以外生产的产品。只要化妆品符合所有适用的美国法规，就可以合法地进行销售。

美国有关化妆品的规章是基于1938年的《FD&C法案》中关于掺假伪劣和错误标注条款。重要的一点是，《FD&C法案》也禁止掺假伪劣或者错误标注的化妆品和药品在各州之间进行交易。

1. 如果出现以下情况，化妆品就会被判定为掺假伪劣

（1）产品或者容器中含有有毒或有害的物质，这些物质在使用时可能引起危害；煤焦油染发剂除外。

（2）含有污秽、腐烂或被分解的物质。

（3）含有不安全或非法的色素添加剂。

（4）在不卫生的条件下生产、包装或存储。

2. 如果出现以下情况，化妆品就会被判定是错误标注

（1）标注是虚假的或具有误导性。

（2）标签没有包括必要的标签内容和警示用语。

（3）容器的制作、成形或填充的方式能使人产生误解。

（4）包装或者标签违反了《防止有毒物包装法案》。

3. 错误标注和掺假伪劣的概念可能被简化为多个原则，这些原则将被详细地加以讨论

（1）化妆品成分对于其预期用途而言是安全的。

（2）化妆品的预期用途与化妆品的定义是一致的。

（3）化妆品的标注与广告正确无误。

（4）化妆品具有优良的品质。

（5）化妆品符合全部适用的美国法律的要求。

（二）欧盟化妆品监管体系

《欧盟化妆品规程》的目的是确保化妆品消费者的人身安全。其核心理念是一体化，消除技术法规壁垒，以促进产品在欧盟成员国之间以公平的方式自由流通。建立一个统一的市场，并使法规在各成员国国家法规中得到统一的推广实施。在法规实施上，如果出现任何偏差或不同操作都将造成商品流通的障碍，并为不公平竞争创造条件。

立法过程中的关键点是要意识到化妆品管理的特有情况，以及因为化妆品具有特定的作用和组成成分，所以需要明确特别的措施进行监管。法规首要的目的是在各个方面维护公众的健康，其中包括向潜在的消费者提供正确的信息。在法规讨论过程中，工业界代表也参与进来，这样可以依靠工业界的实际经验和专长确保讨论具有建设性和成效性。人们早已认识到，化妆品的安全性应当由生产者或进口商负责。让公司承担这样的职责是为了保证上市产品的高质量，并为消费者提供更高水平的保护：欧盟化妆品市场的安全记录和不断扩大的消费群体已充分证明了上述观点的正确性。在建立法规时的另一项重要概念是消除技术性贸易“壁垒”，并摒弃过时的观点和数据资料：法规提供了一套程序，用以确保及时和经常地采纳技术知识的进步，这样就可以使人们广泛预见到科学技术的发展，如皮肤生物学和生物工程学方面的进展。成员国与欧盟委员会之间为此进行的紧密合作体现在“技术进步采纳委员会”中，正如《欧盟化妆品规程》第 9 款和第 10 款规定的，几乎每年都要对法规进行更新。

二、日本化妆品监管体系

日本是除我国之外目前世界上对化妆品保留注册许可制的为数不多的国家之一。我国 9 大类特殊品中有 6 类在日本作为医药部外品进行管理。九类特殊品中的“美乳”“健美”，在日本化妆品和医药部外品中，没有相对应的类别。而“防晒”在日本属于普通化妆品。防止粉刺、晒美（无 SPF）、晒后修护（无 SPF）在我国属于普通化妆品，在日本则归为医药部外品。

在日本，关于化妆品的最高法律就是药事法。除了药事法，有关化妆品的法律还有很多。化妆品的制造（进口）销售业者，从化妆品的计划、研究到销售、废弃，相关的所有业务都必须遵守法规制度。

（一）对化妆品的制造（进口）销售业者的要求

（1）将化妆品销售给销售店或消费者的行为，即将化妆品销售到市场时，需要制造销售的许可。制造销售业中必须配置制造销售总负责人、品质保证负责人、安全管理负责人。制造销售总负责人对化妆品的市场销售负最终的责任。

药事法实施规则中，规定了制造销售总负责人要遵守的事项。

①要精通关于品质管理及制造销售后相关业务的法令及实际业务，公正且恰当地进行该业务。

②为公正且恰当地进行业务，当认为需要时，对制造销售业者用书面写出必要意见，其复印件要保存5年。

③品质保证负责人及安全管理负责人之间要谋求相互紧密的合作。

（2）根据厚生劳动省令而进行化妆品及医药部外品（以下简称“医药部外品等”）制造销售的业者，为恰当且顺利地进行品质管理业务，必须制定关于以下步骤的文件（以下简称“品质管理步骤书”）。关于销售到市场时进行记录的步骤：

①关于确保恰当地制造及品质管理的步骤。

②关于与品质有关的情报及品质不良时进行处理的步骤。

③关于回收处理的步骤。

④关于文件及记录的管理的步骤。

⑤其他必须有的品质管理的步骤。

（3）基于上述品质管理业务步骤书的内容，医药部外品等的制造销售业者，必须进行以下业务：

①要做关于销售到市场的记录。

②制造销售业者要确认希望制造销售的医药部外品是恰当且顺利制造的，并做记录。

③当得到关于与产品有关的品质等情报时，要进行该情报的相关事项对人的健康是否有影响的评价和原因调查，需要改善时，要制定所需的措施并做记录。

④要将第二条的情报中关于确保安全措施的信息，毫不拖延地用书面提供给制造销售后安全管理标准第十四条中准用的第十三条第二项规定的安全管理负责人（在以下各章中，简称为“安全管理负责人”）。

⑤当判明制造销售的医药部外品等为品质不良或有这种可能时，要立刻采取回收等必要的措施并做记录。

⑥进行其他与品质管理业务相关的所需业务。

在此，医药部外品等的制造销售业者，在将品质管理业务步骤书放在制造销售总负责人进行其业务的办公室的同时，还要将其复印件放在进行品质管理业务的其他办公室中。

（二）关于化妆品的标识

1. 关于化妆品、医药部外品的主要标识，药事法、公平竞争规约规定如下

（1）制造业者或进口销售业者的姓名或名称及地址〔平成十七年（2005 年）4 月 1 日随着修改药事法的实施，制造业者或进口销售业者统一变更为制造销售业者〕。

（2）在属于医药部外品的情况下，标明“医药部外品”的文字。

（3）名称。

（4）制造编号和制造记号。

（5）重量、容器或个数等内容量。

（6）成分的名称。

（7）使用期限。

（8）取得外国制造许可者的姓名、居住国的名称，以及国内管理人的姓名、地址。

（9）用法、用量、其他使用及操作上需注意的事项、标准中规定的事项（关于使用方面的注意事项，有日本化妆品工业联合会制定的有关标识的自主标准）。

2. 在化妆品标识的公平竞争规约实施规则中，规定了每种化妆品应注明的使用上的注意事项

（1）儿童用化妆品。“这是儿童用化妆品，必须在保护者的监护下使用”。

（2）香波。“香波误入眼内时，请立刻用流动水冲洗”。

（3）塑料袋或类似的东西使用时，“请避开眼睛周围”。

（4）整发剂。“若树脂的梳子或眼镜被沾染有可能变色，因此请擦干净”。

（5）防晒化妆品。“本品请每 2~3 小被时重新涂抹”或“用毛巾擦拭过肌肤后，请重新涂抹”。

（6）喷雾化妆品。只能正立使用的产品，表示为“请勿倒置使用”或“请头部朝上使用”。

关于其他化妆品的标识，在公平交易协会的规定、消防法、高压气体保全法、日本化妆品工业联合会指南等中都有规定。

（三）关于医药部外品的管理

在药事法中规定化妆品是指“为了清洁人的身体、美化、增加魅力、改变容貌或保持皮肤或毛发的健康而在身体上涂抹、散布或用其他与此类似的方法为使用目的的产品，是对人体作用缓和的产品”。在制造销售化妆品时，每个产品的制造销售意图都要向都道府县提出申请。另一方面，还规定医药部外品是指“以以下所载的内容为目的，且对人体作用缓和的、非机械器具等及符合这些标准的、厚生劳动大臣指定的产品”，具体的有口中清凉剂、腋臭防止剂、生发剂、除毛剂、染发剂、烫发用剂、药用化妆品等。为制造销售医药部外品，每个产品都必须向都道府知事或厚生劳动大臣提出申请并得到许可。即关于医药部外品要经都道府知事或厚生劳动大臣审查。提出申请的产品是否能被批准为医药部外品，其前提是每个产品的使用目的在药事法规定的范围内，要根据其成分、含量、功能、效果、用法、用量、剂型等综合判断。

医药部外品的必要审查项目如下所示：

（1）销售名称。

（2）成分及含量或本质；配方成分的名称、含量、规格及配方目的。

（3）制造工艺。

（4）用法及用量。

（5）功能或效果。

（6）储藏方法及有效期。

（7）规格及试验方法。

第五章　化妆品行政许可管理

为保证化妆品的卫生质量，确保消费者使用化妆品安全，依照《行政许可法》《化妆品卫生监督条例》《化妆品卫生监督条例实施细则》和国家食品药品监督管理局发布的《化妆品行政许可检验管理办法》《健康相关产品卫生行政许可程序》等法律法规，食品药品监督管理部门对化妆品生产企业和化妆品产品实行行政许可管理。

化妆品行政许可的主要内容包括：①化妆品生产企业行政许可；②化妆品产品行政许可；③化妆品新原料行政许可。其中，化妆品产品行政许可主要指特殊用途化妆品的审批。

第一节　化妆品行政许可的法规依据

根据《国务院关于部委管理的国家局设置的通知》(国发〔2008〕12号）文件精神，国家食品药品监督管理局部分职责为负责制定药品、医疗器械、化妆品和消费环节食品安全监督管理的政策、规划并监督实施，参与起草相关法律法规和部门规章制度，并负责化妆品行政许可、卫生监督管理和有关化妆品的审批工作。《化妆品卫生监督条例》中卫生部门职责现由食品药品监督管理部门承担。

一、化妆品生产企业行政许可的法律依据

2015年12月15日国家食品药品监督管理总局发布的《关于化妆品生产许可有关事项的公告》中提出对化妆品生产企业实行生产许可制度，并制定了《化妆品生产许可工作规范》和《化妆品生产许可检查要点》。从事化妆品生产应当取得食品药品监管部门核发的《化妆品生产许可证》。《化妆品生产许可证》有效期为5年，其式样由国家食品药品监督管理总局统一制定，2017年1月1日起统一启用。

二、化妆品产品行政许可的法律依据

（一）《化妆品卫生监管条例》对化妆品许可的有关规定

《化妆品卫生监督条例》第十条规定：生产特殊用途化妆品，必须经国务院卫生行政部门批准，取得批准文号后方可生产。

《化妆品卫生监督条例》第十五条、第十六条规定：首次进口的化妆品须经国务院卫生行政部门许可；化妆品进口时，还须经国家商检部门检验合格。

为贯彻《行政许可法》，卫生部于2004年7月1日下发《关于简化进口非特殊用途化妆品卫生许可程序的通知》，决定简化对进口非特殊用途化妆品的行政许可程序，自2004年8月1日起简化了对进口非特殊用途化妆品的行政许可程序，对进口非特殊用途化妆品实行备案管理。

（二）化妆品行政许可相关文件

（1）《国家食品药品监督管理局化妆品卫生许可文书编号体例及说明》，文件就化妆品受理号通知书编号体例及化妆品行政许可批件（备案凭证）做了相关说明，并展示了化妆品行政许可批件（备案凭证）的式样。

（2）《关于加强国产非特殊用途化妆品备案管理工作的通知》（国食药监许〔2009〕118号），国家食品药品监督管理局于2009年4月3日印发。文件要求各省市食品药品监督管理局加强国产非特殊用途化妆品备案管理工作，并统计各省市的化妆品生产企业及国产非特殊用途化妆品备案情况。

（3）《关于加强以滑石粉为原料的化妆品卫生许可和备案管理工作的紧急通知》（食药监办许〔2009〕36号），国家食品药品监督管理局于2009年4月27日印发。文件就以滑石粉为原料的化妆品申报和备案有关问题做了相关规定。

（4）《关于化妆品委托加工企业申请卫生条件审核有关问题的通知》（食药监许〔2009〕177号），国家食品药品监督管理局于2009年7月29日印发。文件对申请委托加工企业卫生条件审核的有关事宜做了相应规定。

（5）《关于实施化妆品卫生许可批件（备案凭证）纠错办理程序的通知》（食药监许〔2009〕287号），国家食品药品监督管理局于2009年10月30日印发。文件进一步明确了化妆品纠错申请受理范围、办理条件、资料要求和化妆品行政许可批件（备案凭证）纠错办理程序。

（6）《关于印发化妆品行政许可申报受理规定的通知》（国食药监许〔2009〕856号），国家食品药品监督管理局于2009年12月25日印发。发布了国家食品药品监督管理局许可的特殊用途化妆品和进口非特殊用途化妆品的申报受理规定，并对首次申请许可的申报材料，延续、变更许可及补发批件的申报材料提出了具体要求，规范化妆品行政许可申报受理工作。

（7）《关于印发化妆品行政许可检验管理办法的通知》（国食药监许〔2010〕82号），国家食品药品监督管理局于2010年2月11日印发。该文件发布了《化妆品行政许可检验管理办法》，对许可检验工作的相关责任进行了明确。该《办法》共八章三十一条，自2010年2月11日起施行。此前发布的相关文件与本办法不一致的，按本办法执行。同时发布的《化妆品行政许可检验规范》共六章三十九条。

（8）《关于印发化妆品行政许可检验机构资格认定管理办法的通知》（国食药监许〔2010〕83号），国家食品药品监督管理局于2010年2月11日印发。该文件发布了《化妆品行政许可检验机构资格认定管理办法》，对化妆品行政许可检验机构的资格认定进行了明确。该《办法》共五章二十三条，自2010年2月11日起施行。此前发布的相关文件与本办法不一致的，按本办法执行。同时发布的《化妆品行政许可检验机构资格认定规范》共五章三十一条。

（9）《关于对化妆品行政许可抽样有关要求的通知》（食药监办许〔2010〕31号），国家食品药品监督管理局于2010年4月12日印发。文件通知了国产化妆品和进口化妆品的抽样要求及抽样申请表。

（10）《关于化妆品配方中香精原料申报有关问题的通知》（国食药监许〔2010〕258号），国家食品药品监督管理局于2010年7月2日印发。文件就化妆品配方中香精原料申报有关问题进行了通知。

（11）《关于印发化妆品中可能存在的安全风险物质风险评估指南的通知》（国食药监许〔2010〕339号），国家食品药品监督管理局于2010年8月23日印发。文件发布了化妆品中可能存在的安全性风险物质风险评估指南，指导开展化妆品安全性评价工作。

（12）《关于印发化妆品中米诺地尔检测方法（暂行）的通知》（国食药监许〔2010〕340号），国家食品药品监督管理局于2010年8月23日印发。文件规定了暂行的发化妆品中米诺地尔检测方法。

（13）《关于印发化妆品技术审评要点和化妆品技术审评指南的通知》（国食药监许〔2010〕393号），国家食品药品监督管理局于2010年9月28日印发。文件发布了化妆品技术审评要点和化妆品技术审评指南，规范了化妆品行政许可技术审评工作。

（14）《关于进一步明确化妆品行政许可申报受理有关事项的通知》（国食药监许〔2010〕397号），国家食品药品监督管理局于2010年9月30日印发。文件就执行《化妆品行政许可申报受理规定》（国食药监许〔2009〕856号）过程中有关化妆品行政许可申报受理、申报资料要求等事项作出进一步说明。

（15）《关于印发化妆品行政许可受理审查要点的通知》（食药监办许〔2010〕115号），国家食品药品监督管理局于2010年11月2日印发。文件发布了化妆品行政许可受理审查要点，规范化妆品行政许可受理工作，统一化妆品形式审查标准。

（16）《关于进一步简化有关进口非特殊用途化妆品申报资料要求的通知》（国食药监许〔2010〕447号），国家食品药品监督管理局于2010年11月15日印发。该文件就进口非特殊用途化妆品申报资料作出相应简化规定。

（17）《关于印发化妆品产品技术要求规范的通知》（国食药监许〔2010〕454号），国家食品药品监督管理局于2010年11月26日印发。该文件发布了化妆品产品技术要求规范，规范了化妆品申报资料项目中化妆品产品技术要求的文本格式，同时发布了化妆品产品技术要求编制指南。

（18）《关于印发化妆品中禁用物质和限用物质检测方法验证技术规范的通知》（国食药监许〔2010〕455号），国家食品药品监督管理局于2010年11月29日印发。文件公布了《化妆品中禁用物质和限用物质检测方法验证技术规范》，规范了化妆品检测方法的验证程序。

（19）《关于印发化妆品中二氧化钛等7种禁用物质或限用物质检测方法的通知》（国食药监许〔2010〕456号），国家食品药品监督管理局于2010年11月29日印发。文件发布了化妆品中二氧化钛等7种禁用物质或限用物质的检测方法。

（20）《关于印发化妆品中丙烯酰胺等禁用物质或限用物质检测方法的通知》（国食药监许〔2011〕96号），国家食品药品监督管理局于2011年2月21日印发。文件规定了化妆品中丙烯酰胺等禁用物质或限用物质的检测方法。

（21）《关于实施化妆品产品技术要求规范有关问题的通知》（国食药监〔2011〕119号），国家食品药品监督管理局于2011年3月9日印发。该文件进一步明确了化妆品产品技术要求的编制要求和网上相关填写说明。

（22）《关于印发国家食品药品监督管理局国产特殊用途化妆品行政许可批件等式样的通知》（国食药监许〔2011〕134号），国家食品药品监督管理局于2011年3月28日印发。文件中，国家食品药品监督管理局根据《化妆品行政许可申报受理规定》《化妆品产品技术要求规范》等制定了特殊用途化妆品行政许可批件的式样和进口非特殊用途化妆品备案凭证的式样。

（23）《关于印发国产非特殊用途化妆品备案管理办法的通知》（国食药监〔2011〕181号），国家食品药品监督管理局于2011年4月21日印发。文件发布了国产非特殊用途化妆品备案管理办法和相关事项的通知，明确了国产非特殊用途化妆品备案资料要求。

（24）《关于化妆品行政许可批件（备案凭证）补发申请有关问题的通知》（食要监办许〔2011〕58号），国家食品药品监督管理局于2011年4月11日印发。文件对化妆品行政许可批件（备案凭证）补发申请有关事宜作了规定。

（25）《关于印发化妆品行政许可延续技术审评要点的通知》（国食药监〔2011〕189号），国家食品药品监督管理局于2011年4月28日印发。文件规范了化妆品行政许可延续技术审评工作。

（26）《关于国产保健食品化妆品批准证书变更有关事项的通知》（国食药监〔2011〕260号），国家食品药品监督管理局于2011年6月13日印发。该文件对涉及公司吸收合并或新合并以及公司分立成立全资子公司的，进一步明确了其国产保健食品、国产特殊用途化妆品批准证书变更的程序和相关申报资料。

（27）《关于终止或撤回化妆品行政许可申请有关事项的通知》（国食药监保化〔2011〕367号），国家食品药品监督管理局于2011年8月4日印发。该文件发布了终止或撤回化妆品行政许可申请办理工作的详细办理程序和有关要求。

（28）《关于注销化妆品行政许可批件（备案凭证）有关事项的通知》（国食药监保化〔2011〕368号），国家食品药品监督管理局于2011年8月4日印发。该文件发布了化妆品行政许可批件（备案凭证）注销办理工作的办理程序和有关要求。

（29）《关于进一步明确化妆品行政许可申报资料项目要求的通知》（国食药监保化〔2011〕427号），国家食品药品监督管理局于2011年8月4日印发。该文件在《化妆品行政许可申报受理规定》和《化妆品产品技术要求规范》的基础上，对申报资料项目有关要求作了进一步详细说明。

（30）《关于进一步明确化妆品行政许可申报资料项目要求的通知》（国食药监保化〔2011〕427号），国家食品药品监督管理局于2011年9月21日印发。进一步明确了化妆品行政许可申报有关工作，通知申报资料项目有关要求。

（31）《关于进一步明确进口化妆品行政许可在华申报责任单位备案与变更

有关事项的通知》(国食药监保化〔2011〕428号),国家食品药品监督管理局于2011年9月21日印发。该文件进一步明确了进口化妆品行政许可在华申报责任单位(以下简称在华申报责任单位)备案与变更有关事项,并发布了新的进口化妆品行政许可在华申报责任单位授权书(参考模板)。

(32)《关于印发化妆品生产企业原料供应商审核指南的通知》(食药监办保化〔2011〕186号),国家食品药品监督管理局于2011年12月15日印发。为加强化妆品原料管理,提高质量安全控制水平,该文件明确了化妆品生产企业对原料供应商的审核内容和审核要点。

(33)《关于实施〈化妆品命名规定〉有关事宜的通知》(国食药监保化〔2011〕489号),国家食品药品监督管理局于2011年12月12日印发。

(34)《关于印发化妆品生产经营企业索证索票和台账管理规定的通知》(国食药监保化〔2012〕9号),国家食品药品监督管理局于2012年1月10日印发。

(35)《关于印发化妆品命名规定和命名指南的通知》(国食药监许〔2010〕72号),国家食品药品监督管理局于2010年2月5日印发。文件对化妆品的命名原则和方法做了规定。

(36)《关于发布面膜类化妆品中氟轻松检测方法的通告》(2016年第88号),国家食品药品监督管理总局于2016年5月23日发布,确定了面膜类化妆品中氟轻松检测方法(高效液相色谱-串联质谱法)。

(37)《关于发布化妆品中巯基乙酸等禁限用物质检测方法的通告》(2015年第69号),国家食品药品监督管理总局于2015年9月28日发布化妆品中巯基乙酸的检测方法(离子色谱法)等9种化妆品相关检测方法。

(38)《关于公布实行生产许可制度管理的食品化妆品目录的公告(第14号)》,国家食品药品监督管理总局于2014年4月11日发布。

(39)《关于调整化妆品注册备案管理有关事宜的通告(第10号)》,国家食品药品监督管理总局于2013年12月16日发布,文件规定了国产非特殊用途化妆品实行告知性备案,美白化妆品纳入祛斑类化妆品管理。

(三)关于化妆品行政许可检验的规范性文件

《关于将化妆品用化学原料体外3T3中性红摄取光毒性试验方法纳入化妆品安全技术规范(2015年版)的通告》(2016年第147号),国家食品药品监督管理总于2016年11月7日发布,文件将《化妆品用化学原料体外3T3中性红摄取光毒性试验方法》作为第18项毒理学试验方法纳入《化妆品安全技术规范》

（2015 年版）第六章。

（1）《关于印发化妆品行政许可检验管理办法的通知》（国食药监许〔2010〕82 号），国家食品药品监督管理局于 2010 年 2 月 11 日印发。该文件发布了《化妆品行政许可检验管理办法》，对许可检验工作的相关责任进行了明确。

（2）《关于印发化妆品行政许可检验机构资格认定管理办法的通知》（国食药监许〔2010〕83 号），国家食品药品监督管理局于 2010 年 2 月 11 日印发。该文件发布了《化妆品行政许可检验机构资格认定管理办法》，对化妆品行政许可检验机构的资格认定进行了明确。

（3）《关于印发食品药品监督管理系统保健食品化妆品检验机构装备基本标准（2011—2015 年）的通知》（国食药监许〔2010〕402 号），国家食品药品监督管理局于 2010 年 10 月 11 日印发。该文件明确了省级、地（市）级食品药品监督管理部门化妆品检验机构设施、设备和县级食品药品监督管理部门化妆品监督检验、快速检测设备的基本标准。

（4）《关于进一步明确化妆品行政许可检验机构有关事项的通知》（食药监办许〔2011〕36 号），国家食品药品监督管理局于 2011 年 3 月 8 日印发。

（5）关于化妆品卫生检验的其他部门规范性文件

①《卫生部化妆品检验规定（2002 年版）》（卫法监发〔2002〕322 号），卫生部于 2002 年 12 月 25 日发布。该文规定化妆品检验项目、检验时限、检验样品数量、检验报告编制要求，并提供了化妆品检验报告体例。

②《卫生部健康相关产品检验机构工作制度》（卫法监发〔1999〕第 76 号附件 2）。卫生部于 1999 年 3 月 15 日印发。该文对检验机构的职责、样品受理、样品的保存与管理、样品检验、检验报告及日常管理进行了规定。

③《化妆品卫生监督检验实验室资格认证办法》（卫监法〔1992〕第 3 号），于 1992 年 1 月 21 日由卫生部发布。《办法》规定国家级化妆品卫生监督检验实验室由卫生部认证，省级以下的化妆品卫生监督检验实验室由所在省、自治区、直辖市卫生行政部门认证。《办法》还规定了各级实验室应具备的检验能力。

三、化妆品新原料行政许可的法律依据

（一）《化妆品卫生监督条例》对化妆品新原料许可的有关规定

《化妆品卫生监督条例》第 9 条规定："使用化妆品新原料生产化妆品，必

须经国家食品药品监督管理局批准。”对在我国首次使用的化妆品新原料进行审查，是保证产品安全性的有力措施之一。卫生部并于2003年4月发布了《中国已使用化妆品成分名单》；2011年5月国家食品药品监督管理局印发了《化妆品新原料申报与审评指南》（国食药监许〔2011〕207号）等文件，加大了对化妆品新原料的管理力度。

（二）关于化妆品原料卫生行政许可的规范性文件

（1）《关于提供粉状化妆品及其原料中石棉测定方法（暂定）的通知》（食药监许〔2009〕136号），国家食品药品监督管理局于2009年12月25日印发。文件明确了粉状化妆品及其原料中石棉测定方法。

（2）《国家食品药品监督管理局公告》（2009年第41号）（《关于以滑石粉为原料的化妆品行政许可和备案有关要求的公告》），国家食品药品监督管理局于2009年7月17日发布。公告规定，自2009年10月1日起，凡申请特殊用途化妆品行政许可或非特殊用途化妆品备案的产品，其配方中含有滑石粉原料的，申报单位应当提交具有粉状化妆品中石棉检测项目计量认证资质的检测机构，依据《粉状化妆品及其原料中石棉测定方法》（暂定）出具的申报产品中石棉杂质的检测报告。

（3）《关于印发化妆品原料标准中文名称目录（2010年版）的通知》（国食药监许〔2010〕479号），国家食品药品监督管理局于2010年12月24日印发。文件发布了《国际化妆品原料标准中文名称目录》（2010年版），规范国际化妆品原料标准中文名称命名。

（4）《关于印发化妆品新原料申报与审评指南的通知》（国食药监许〔2011〕207号），国家食品药品监督管理局于2011年5月12日印发。文件发布了化妆品新原料申报与评审指南，对化妆品新原料申报的资料项目及要求作出详细说明。

（5）《关于印发化妆品中氢化可的松等禁用物质或限用物质检测方法的通知》（国食药监保化〔2012〕13号），国家食品药品监督管理局于2012年1月16日印发。为规范化妆品中禁用物质和限用物质检测技术要求，提高化妆品质量安全，该文件规定了化妆品中氢化可的松等禁用物质或限用物质的检测方法。

（6）《关于印发化妆品用乙醇等3种原料要求的通知》（国食药监保化〔2011〕500号），国家食品药品监督管理局于2011年12月23日印发。为规范化妆品原料技术要求，进一步提高化妆品质量安全，该文件明确了对化妆品用乙醇等3

种原料的要求。

（7）卫生部对原料使用的有关规定。卫生部发文，对几种化妆品原料的使用作了规定：①《卫生部、国家质检总局公告》(2002年第1号)，卫生部、国家质检总局于2002年3月4日联合发布。公告要求自公告之日起，禁止进口(包括采用携带、邮寄等方式进口）和销售含有发生“疯牛病”国家或地区牛、羊的脑及神经组织、内脏、胎盘和血液(含提取物)等动物源性原料成分的化妆品。②《卫生部公告》(2002年第3号)，卫生部于2002年4月23日发布。公告要求来自发生“疯牛病”国家或地区的进口化妆品，应当按要求提供官方检疫证书，证明其含有的动物源性原料成分不属于“牛、羊动物源性原料成分清单（Ⅰ类）”和“牛、羊动物源性原料成分清单（Ⅱ类）”范围的，方可在我国境内销售；含有“牛、羊动物源性原料成分清单（Ⅱ类）”所列成分的，除应当按要求提供官方检疫证书外，还应当提供该成分的风险性评估报告，经卫生部化妆品专家评审委员会评审认可后，方可在我国境内销售。公告的附件1和附件2为两类原料清单。③《中国已使用化妆品成分名单（2003年版）》(卫法监发〔2003〕104号)，卫生部于2003年4月27日发布。《名单》包含了一般化妆品原料2156种，特殊化妆品原料546种，天然植物化妆品原料（含中药）563种。

（8）《关于发布已使用化妆品原料名称目录（2015版）的通告》(2015年第105号)，国家食品药品监督管理总局于2015年12月23日发布，收录了8783种化妆品原料。

（9）《关于批准翅果油作为化妆品原料使用的公告》(2014年第51号)，国家食品药品监督管理总局于2014年10月30日发布，文件批准翅果油作为化妆品原料使用，提出了翅果油技术要求。

第二节　化妆品行政许可审批与管理

一、化妆品生产企业行政许可审批与管理

2015年12月15日国家食品药品监督管理总局发布的《关于化妆品生产许可有关事项的公告》中提出对化妆品生产企业实行生产许可制度，并制定了《化妆品生产许可工作规范》和《化妆品生产许可检查要点》。自2017年1月1日起，统一启用《化妆品生产许可证》。从事化妆品生产应当取得食品药品监管部

门核发的《化妆品生产许可证》。原持有的《全国工业产品生产许可证》和《化妆品生产企业卫生许可证》必须收回并公开宣布作废。持有原《全国工业产品生产许可证》和《化妆品生产企业卫生许可证》的化妆品生产企业，其2016年12月31日前生产的产品可销售至有效期结束。自2017年1月1日起，未取得《化妆品生产许可证》的化妆品生产企业，不得从事化妆品生产。自2017年7月1日起生产的化妆品，必须使用标注了《化妆品生产许可证》信息的新的包装标识。

二、化妆品产品行政许可审批与管理

化妆品行政许可申请人应是化妆品生产企业。

进口化妆品申请人办理化妆品行政许可，应当由其委托在华责任单位代理申报。进口化妆品申请人申请行政许可，应当提供其在中国境内依法登记注册、具有独立法人资格的唯一在华责任单位名称和地址。

申请人应按国家有关法律、法规和标准、规范的要求申报化妆品行政许可，承担相应的法律责任，并对申报资料的真实性负责。

（一）化妆品产品行政许可管理

1. 进口化妆品行政许可管理

我国对进口化妆品实行行政许可制度，凡是国外化妆品首次进入我国市场销售前必须经过两个重要环节：第一，首次进口特殊用途化妆品，进口单位必须报经国家食品药品监督管理局审批，取得进口化妆品行政许可批件；首次进口的非特殊用途化妆品应在上市前由产品生产单位或进口单位向国家食品药品监督管理局申请备案，并按照现行的有关规定提交备案材料，履行备案手续，获备案凭证后方可上市销售。第二，必须经国家相关检验机构检验，检验合格的方准进口。

（1）进口非特殊用途化妆品。国家食品药品监督管理总局对首次进口的非特殊用途化妆品行政许可管理，实行简化行政许可程序，产品上市前由产品生产单位或进口单位向国家食品药品监督管理总局申请备案，其备案程序按有关规定进行。进口非特殊用途化妆品备案凭证有效期4年。期满前4个月可以向国家食品药品监督管理局申请换发。

（2）进口特殊用途化妆品。首次进口的特殊用途化妆品直接报国家食品药品监督管理总局申请，国家食品药品监督管理总局按化妆品产品行政许可审批程序进行审评和批准。批准后发给“进口特殊用化妆品行政许可批件”和批准文号。进口特殊用途化妆品行政许可批件有效期4年。期满前4个月可以向国家食品药品监督管理局申请换发。

2. 国产化妆品行政许可管理

我国对国产特殊用途化妆品实行行政许可审批管理，对国产非特殊用途化妆品实行备案管理。

（1）国产特殊用途化妆品。国产特殊用途化妆品实行行政许可审批管理，没有取得国家食品药品监督管理总局特殊用途化妆品行政许可批件的特殊化妆品不得生产和销售。国家食品药品监督管理总局对批准的产品，发给国产特殊用途化妆品行政许可批件。国产特殊用途化妆品行政许可批件有效期为4年，期满前4个月由企业执原件和有关材料重新向国家食品药品监督管理总局申请延续。获批准延续的产品，可延用原文号。

（2）国产非特殊用途化妆品。2011年国家食品药品监督管理局加强了对国产非特殊用途化妆品备案管理工作的指导。省级食品药品监督管理部门负责本行政区域内生产的国产非特殊用途化妆品备案管理，应建立健全备案管理工作制度，并按相关规定要求开展国产非特殊用途化妆品备案工作。

化妆品企业生产的非特殊化妆品实行事后备案管理，生产企业取得《化妆品生产许可证》后生产非特殊化妆品，应在产品投放市场后2个月内，由生产企业向所在行政区域内的省级食品药品监督管理部门申请备案，并按照有关要求提交备案资料，履行备案手续。

委托生产的，由生产企业（以下称委托方）向实际生产企业（以下称受托方）所在行政区域内的省级食品药品监督管理部门申请备案。

有多个受托方的，由委托方选择向其中一个受托方所在行政区域内的省级食品药品监督管理部门申请备案。委托方应将备案登记凭证复印件分别提交其他受托方所在行政区域内的省级食品药品监督管理部门。

仅限于出口的，由实际生产企业向所在行政区域内的省级食品药品监督管理部门申请备案。

生产企业应当对备案产品申报资料的完整性、规范性、真实性和产品的安全性负责并承担相应的法律责任。申请国产非特殊用途化妆品备案的，应按照国产非特殊用途化妆品备案资料要求提交有关资料。申请国产非特殊用途化妆品备案的产品中可能存在安全性风险物质的，应按照化妆品中可能存在的安全性风险物质风险评估指南的要求提交有关安全性评估资料。

省级食品药品监督管理部门收到国产非特殊用途化妆品备案申请后，对备案资料齐全并符合规定形式的，应当当场予以备案并于5日内发给备案登记凭证；备案资料不齐全或不符合规定形式的不予备案并说明理由。备案登记凭证号格式为：省、自治区、直辖市简称+G+妆备字+4位年份数+6位本行政区域内的发证顺序编号。生产企业对已获备案的产品，应自备案之日起，每满4年前4个月内向原备案的省级食品药品监督管理部门提交该产品是否继续生产的情况说明；逾期未提交的，原备案的省级食品药品监督管理部门应注销该产品的备案。

生产企业不再生产已备案的产品时，应主动告知原备案的省级食品药品监督管部门，原备案的省级食品药品监督管理部门对告知情况予以备案。

生产企业对已获备案的产品，应自备案之日起，每满4年前4个月内向原备案的省级食品药品监督管理部门提交该产品是否继续生产的情况说明；逾期未提交的，原备案的省级食品药品监督管理部门应注销该产品的备案。

已获备案的产品，原备案内容发生变化的，应对发生变化的内容重新备案。配方未发生改变的，生产企业不得申请改变原产品名称（违反有关法律法规的除外）。配方变更后仍使用原名称的，应当在产品外包装标识上予以注明，以区别于变更前产品。

省级食品药品监督管理部门应加强备案产品档案和信息管理，及时公布国产非特殊用途化妆品备案信息。

（二）申请化妆品产品行政许可所需资料

1. 首次申请国产特殊用途化妆品行政许可需报送的材料

（1）国产特殊用途化妆品行政许可申请表；

（2）产品名称命名依据；

（3）产品质量安全控制要求；

（4）产品设计包装（含产品标签、产品说明书）；

（5）经认定的行政许可检验机构出具的检验报告及相关资料，按下列顺序排列：

①检验申请表；

②检验受理通知书；

③产品说明书；

④卫生学（微生物、理化）检验报告；

⑤毒理学安全性检验报告；

⑥人体安全试验报告。

（6）产品中可能存在安全性风险物质的有关安全性评估资料；

（7）省级食品药品监督管理部门出具的生产卫生条件审核意见；

（8）申请育发、健美、美乳类产品的，应提交功效成分及其使用依据的科学文献资料；

（9）可能有助于评审的其他资料。

（10）产品技术要求的文字版和电子版。

另附省级食品药品监督管理部门封样并未启封的样品1件。

2. 申请国产非特殊用途化妆品备案的，应提交下列资料

（1）申请一般国产非特殊用途化妆品备案的，应提交下列资料：

①国产非特殊用途化妆品备案申请表；

②产品名称命名依据；

③产品配方（不包括含量，限用物质除外）；

④产品生产工艺简述和简图；

⑤产品生产设备清单；

⑥产品质量安全控制要求；

⑦产品设计包装（含产品标签、产品说明书）；

⑧经省级食品药品监督管理部门指定的检验机构（以下称检验机构）出具的检验报告及相关资料；

⑨产品中可能存在安全性风险物质的有关安全性评估资料；

⑩生产企业卫生许可证复印件；

⑪其他受托方的卫生许可证复印件（如有委托生产的）；

⑫ 委托生产协议复印件（如有委托生产的）；

⑬ 可能有助于备案的其他资料。

（2）申请仅限于出口的国产非特殊用途化妆品备案的，应提交下列资料：

①国产非特殊用途化妆品备案申请表（仅限于出口产品）；

②产品名称；

③进口国或地区名称；

④委托方名称；

⑤产品配方（不包括含量，限用物质除外）；

⑥进口国或地区产品质量安全控制标准和要求；

⑦产品设计包装（含产品标签、产品说明书）；

⑧其他受托方的卫生许可证复印件（如有委托生产的）；

⑨委托生产协议复印件（如有委托生产的）；

⑩可能有助于备案的其他资料。

（3）产品配方资料应符合下列要求：

①应以表格形式在同一张表中提供含原料序号、标准中文名称、限用物质含量、使用目的等内容的配方表，字号不小于小五号宋体。

②应提供全部原料的名称；复配原料必须以复配形式申报，并应标明各组分的名称。

如配方中使用了香精原料，不须申报香精中具体香料组分的种类和含量，原料名称以“香精”命名。

③配方原料（含复配原料中的各组分）的中文名称应按《国际化妆品原料标准中文名称目录》使用标准中文名称，无国际化妆品原料命名（INCI 名称）或未列入《国际化妆品原料标准中文名称目录》的应使用《中国药典》中的名称或化学名称或植物拉丁学名，不得使用商品名或俗名，但复配原料除外。

④着色剂应提供《化妆品卫生规范》中载明的着色剂索引号（简称 CI 号），无 CI 号的除外。

⑤含有动物脏器组织及血液制品提取物的，应提交原料的来源、质量规格和原料生产国允许使用的证明。

⑥凡在产品配方中使用来源于石油、煤焦油的碳氢化合物（单一组分的除外）的，应在产品配方中标明相关原料的化学文摘索引号（简称 CAS 号）。

⑦《化妆品卫生规范》对限用物质原料有规格要求的，还应提交由原料生产商出具的该原料的质量规格证明。

⑧凡宣称为孕妇、哺乳期妇女、儿童或婴儿使用的产品，应当提供基于安全性考虑的配方设计原则（含配方整体分析报告）、原料的选择原则和要求、生产工艺、质量控制等内容的资料。

（4）产品质量安全控制要求应包含下列内容：

①颜色、气味、性状等感官指标；

②微生物指标（不需检测的除外）、卫生化学指标；

③宣称含 α－羟基酸或虽不宣称含 α－羟基酸，但其总量≥ 3%（W/W）的

产品应当有 pH 值指标［油包水（油状产品）、粉状、粉饼类、蜡基类除外］及其检测方法。

（5）检验机构出具的检验报告及相关资料应包括以下资料：

①产品使用说明；

②卫生安全性检验报告（微生物、卫生化学、毒理学）；

③人体安全性检验报告（如有人体试用报告的）；

④其他新增项目检测报告（如有化妆品中石棉检测报告等）。

3. 首次申请进口特殊化妆品行政许可需报送的材料

（1）进口特殊用途化妆品行政许可申请表；

（2）产品中文名称命名依据；

（3）产品配方；

（4）生产工艺简述和简图；

（5）产品质量安全控制要求；

（6）产品原包装（含产品标签、产品说明书）；拟专为中国市场设计包装的，需同时提交产品设计包装（含产品标签、产品说明书）；

（7）经国家食品药品监督管理局认定的许可检验机构出具的检验报告及相关资料；

（8）产品中可能存在安全性风险物质的有关安全性评估资料；

（9）申请育发、健美、美乳类产品的，应提交功效成分及其使用依据的科学文献资料；

（10）已经备案的行政许可在华申报责任单位授权书复印件及行政许可在华申报责任单位营业执照复印件并加盖公章；

（11）化妆品使用原料及原料来源符合疯牛病疫区高风险物质禁限用要求的承诺书；

（12）产品在生产国（地区）或原产国（地区）生产和销售的证明文件；

（13）可能有助于行政许可的其他资料。

（14）产品技术要求的文字版和电子版。

另附许可检验机构封样并未启封的市售样品 1 件。

4. 首次申请进口非特殊化妆品备案需报送的材料

（1）进口非特殊用途化妆品行政许可申请表；

（2）产品中文名称命名依据；

（3）产品配方；

（4）产品质量安全控制要求；

（5）产品原包装（含产品标签、产品说明书）；拟专为中国市场设计包装的，需同时提交产品设计包装（含产品标签、产品说明书）；

（6）经国家食品药品监督管理局认定的许可检验机构出具的检验报告及相关资料；

（7）产品中可能存在安全性风险物质的有关安全性评估料；

（8）已经备案的行政许可在华申报责任单位授权书复印件及行政许可在华申报责任单位营业执照复印件并加盖公章；

（9）化妆品使用原料及原料来源符合疯牛病疫区高风险物质禁限用要求的承诺书；

（10）产品在生产国（地区）或原产国（地区）生产和销售的证明文件；

（11）可能有助于备案的其他资料。

（12）产品技术要求的文字版和电子版。

另附许可检验机构封样并未启封的市售样品 1 件。

5. 申请延续行政许可（备案）有效期的，应提交以下资料

（1）化妆品行政许可延续申请表；

（2）化妆品行政许可批件（备案凭证）原件；

（3）产品中文名称命名依据（首次申报已提交且产品名称无变化的除外）；

（4）产品配方；

（5）产品质量安全控制要求；

（6）市售产品包装（含产品标签、产品说明书），国产产品如未上市，可提交产品设计包装（含产品标签、产品说明书）；

（7）国产产品，应提交申请人所在地省级食品药品监督管理部门出具的关于产品生产、上市、监督意见书或产品未上市的审核意见；

（8）代理申报的，应提交已经备案的行政许可在华申报责任单位授权书复印件，以及行政许可在华申报责任单位营业执照复印件并加盖公章；

（9）可能有助于行政许可的其他资料。

另附未启封的市售产品 1 件。

6. 申请变更行政许可事项的，应提交以下资料

（1）化妆品行政许可变更申请表；

（2）化妆品行政许可批件（备案凭证）原件；

（3）代理申报的，应提交已经备案的行政许可在华申报责任单位授权书复印件及营业执照复印件并加盖公章；

（4）根据申请变更的内容分别提交下列资料：

①产品名称的变更：

a. 申请变更产品中文名称的，应在变更申请表中说明理由，并提交拟变更的产品中文名称命名依据及拟变更的产品设计包装（含产品标签、产品说明书）；进口产品外文名称不得变更；

b. 申请变更防晒产品 SPF、PFA 或 PA 值的，应当提交相应的 SPF、PFA 或 PA 值检验报告，并提交拟变更的产品设计包装（含产品标签、产品说明书）。

②生产企业名称、地址的变更（包括自主变更或被收购合并）：

a. 国产产品生产企业名称或地址变更，应当提交当地工商行政管理部门出具的证明文件原件或经公证的复印件、生产企业卫生许可证复印件；

b. 进口产品生产企业名称或地址变更，应当提交生产国政府主管部门或有关机构出具的相关证明文件，其中，因企业间的收购、合并而提出合法变更生产企业名称的，也可提交双方签订的收购或合并合同的复印件，证明文件需翻译成规范中文，中文译文应有中国公证机关的公证；

c. 境内企业集团内部进行调整的，应提交工商行政管理部门出具的有关证明文件；涉及台港澳投资企业或外商投资企业的，可提交经公证的《中华人民共和国外商投资企业批准证书》或《中华人民共和国台港澳侨投资企业批准证书》复印件；

d. 涉及改变生产现场的，应提交拟变更的生产企业产品的卫生学（微生物、卫生化学）检验报告；对于国产产品，还应提交拟变更的生产企业所在地省级食品药品监督管理部门出具的生产卫生条件审核意见。

③进口产品生产企业中文名称的变更（外文名称不变）：

a. 生产企业中文名称变更的理由；

b. 拟变更的产品设计包装（含产品标签、产品说明书）。

④行政许可在华申报责任单位的变更：

a. 先提交拟变更的行政许可在华申报责任单位授权书原件备案；

b. 拟变更的行政许可在华申报责任单位授权书复印件；

c. 行政许可在华申报责任单位名称或地址变更，应提交当地工商行政管理部门出具的变更证明文件原件或经公证的复印件；

d. 生产企业出具的撤销原行政许可在华申报责任单位的情况说明并经公证

机关公证。

⑤实际生产企业的变更：

a. 涉及委托生产加工关系的，提交委托生产加工协议书，进口产品还应提交被委托生产企业质量管理体系或良好生产规范的证明文件或符合生产企业所在国（地区）法规要求的化妆品生产资质证明文件；

b. 生产企业属于同一集团公司的，提交生产企业属于同一集团公司的证明文件及企业集团公司出具的产品质量保证文件；

c. 拟变更的实际生产企业生产的产品原包装；

d. 拟变更的实际生产企业生产产品的卫生学（微生物、卫生化学）检验报告；

e. 国产产品，还应提交拟变更的实际生产企业所在地省级食品药品监督管理部门出具的生产卫生条件审核意见；

f. 进口产品，还应提交实际生产企业生产产品所用原料及原料来源符合疯牛病疫区高风险物质禁限用要求的承诺书。

7. 申请补发行政许可批件（备案凭证）的，应提交下列资料

（1）化妆品行政许可批件（备案凭证）补发申请表；

（2）因行政许可批件（备案凭证）破损申请补发的，应提交化妆品行政许可批件（备案凭证）原件；

（3）因行政许可批件（备案凭证）遗失申请补发的，应提交省级以上（含省级）报刊刊载的遗失声明原件，遗失补发申请应在刊载遗失声明之日起20日后及时提出；

（4）代理申报的，应提交已经备案的行政许可在华申报责任单位授权书复印件，以及行政许可在华申报责任单位营业执照复印件并加盖公章。

三、化妆品新原料行政许可审批发放与管理

化妆品新原料是指在国内首次使用于化妆品生产的天然或人工原料。

为确保化妆品的安全性，我国依据《化妆品卫生监督条例》对使用化妆品新原料实行行政许可管理。使用化妆品新原料，必须取得国家食品药品监督管理局化妆品新原料行政许可批件方可使用。

（一）化妆品新原料安全性要求

化妆品新原料在正常以及合理的、可预见的使用条件下，不得对人体健康

产生危害。

化妆品新原料毒理学评价资料应当包括毒理学安全性评价综述、必要的毒理学试验资料和可能存在安全性风险物质的有关安全性评估资料。

化妆品新原料一般需进行下列毒理学试验：

（1）急性经口和急性经皮毒性试验；

（2）皮肤和急性眼刺激性 / 腐蚀性试验；

（3）皮肤变态反应试验；

（4）皮肤光毒性和光敏感性试验（原料具有紫外线吸收特性时需做该项试验）；

（5）致突变试验（至少应包括一项基因突变试验和一项染色体畸变试验）；

（6）亚慢性经口和经皮毒性试验；

（7）致畸试验；

（8）慢性毒性 / 致癌性结合试验；

（9）毒物代谢及动力学试验；

（10）根据原料的特性和用途，还可考虑其他必要的试验。如果该新原料与已用于化妆品的原料化学结构及特性相似，则可考虑减少某些试验。

以上规定毒理学试验资料为原则性要求，可以根据该原料理化特性、定量构效关系、毒理学资料、临床研究、人群流行病学调查，以及类似化合物的毒性等资料情况，增加或减免试验项目。

（二）化妆品新原料行政许可申报资料要求

申请化妆品新原料行政许可应按化妆品行政许可申报受理规定提交资料。具体要求如下：

1. 化妆品新原料行政许可申请表

2. 研制报告

（1）原料研发的背景、过程及相关的技术资料。

（2）原料的名称、来源、相对分子质量、分子式、化学结构、理化性质。

①名称：包括原料的化学名（IUPAC 名和 / 或 CAS 名）、INCI 名及其中文译名、商品名和 CAS 号等。原料名称中应同时注明该原料的使用规格。

天然原料还应提供拉丁学名。

②来源：原料不应是复配而成，在原料中由于技术原因不可避免存在的溶

剂、稳定剂、载体等除外。

天然原料应为单一来源，并提供使用部位等。全植物已经被允许用作化妆品原料的，该植物各部位不需要再按新原料申报。

③相对分子质量、分子式、化学结构：应提供化学结构的确认依据（如核磁共振谱图、元素分析、质谱、红外谱图等）及其解析结果，聚合物还应提供相对平均分子质量及其分布。

④理化性质：包括颜色、气味、状态、溶解度、熔点、沸点、比重、蒸汽压、pH 值、pKa 值、折光率、旋光度等。

（3）原料在化妆品中的使用目的、使用范围、基于安全的使用限量和依据、注意事项、警示语等。

（4）原料在国外（地区）是否使用于化妆品的情况说明等。

3. 生产工艺简述及简图

应说明化妆品新原料生产过程中涉及的主要步骤、流程及参数，如应列出原料、反应条件（温度、压力等）、助剂（催化剂、稳定剂等）、中间产物及副产物和制备步骤等；若为天然提取物，应说明加工方法、提取方法、提取条件、使用溶剂、可能残留的杂质或溶剂等。

4. 原料质量安全控制要求

应包括规格、检测方法、可能存在的安全性风险物质及其控制措施等内容。

（1）规格：包括纯度或含量、杂质种类及其各自含量（聚合物应说明残留单体及其含量）等质量安全控制指标，由于技术原因在原料中不可避免存在的溶剂、稳定剂、载体等的种类及其各自含量，其他理化参数，保质期及贮存条件等；若为天然植物提取物，应明确其质量安全控制指标。

（2）检测方法：原料的定性和定量检测方法、杂质的检测方法等。

（3）可能存在的安全性风险物质及其控制措施。

5. 毒理学安全性评价资料（包括原料中可能存在安全性风险物质的有关安全性评估资料）

毒理学试验资料可以是申请人的试验资料、科学文献资料和国内外政府官方网站、国际组织网站发布的内容。

（1）申请化妆品新原料，一般应按化妆品新原料安全性要求提交毒理学试验资料。

（2）具有下列情形之一者，可按以下规定提交毒理学试验资料。根据原料的特性和用途，必要时，可要求增加或减免相关试验资料。

①凡不具有防腐剂、防晒剂、着色剂和染发剂功能的原料以及从安全角度考虑不需要列入《化妆品卫生规范》限用物质表中的化妆品新原料，应提交以下资料：

急性经口和急性经皮毒性试验；

皮肤和急性眼刺激性/腐蚀性试验；

皮肤变态反应试验；

皮肤光毒性和光敏感试验（原料具有紫外线吸收特性时需做该两项试验）；

致突变试验（至少应包括一项基因突变试验和一项染色体畸变试验）；

亚慢性经口或经皮毒性试验。如果该原料在化妆品中使用，经口摄入可能性大时，应提供亚慢性经口毒性试验。

②符合情形①且被国外（地区）权威机构有关化妆品原料目录收载四年以上的，未见涉及可能对人体健康产生危害相关文献的，应提交以下资料：

急性经口和急性经皮毒性试验；

皮肤和急性眼刺激性/腐蚀性试验；

皮肤变态反应试验；

皮肤光毒性和光敏感试验（原料具有紫外线吸收特性时需做该两项试验）；

致突变试验（至少应包括一项基因突变试验和一项染色体畸变试验）。

③凡有安全食用历史的，如国内外政府官方机构或权威机构发布的或经安全性评估认为安全的食品原料及其提取物、国务院有关行政部门公布的既是食品又是药品的物品等，应提交以下资料：

皮肤和急性眼刺激性/腐蚀性试验；

皮肤变态反应试验；

皮肤光毒性和光敏感试验（原料具有紫外线吸收特性时需做该项试验）。

④由一种或一种以上结构单元，通过共价键连接，相对平均分子质量大于1000道尔顿的聚合物作为化妆品新原料，应提交以下资料：

皮肤和急性眼刺激性/腐蚀性试验；

皮肤光毒性试验（原料具有紫外线吸收特性时需做该项试验）。

⑤凡已有国外（地区）权威机构评价结论认为在化妆品中使用是安全的新原料，申报时不需提供毒理学试验资料，但应提交国外（地区）评估的结论、评价报告及相关资料。国外（地区）批准的化妆品新原料，还应提交批准证明。

⑥代理申报的，应提交已经备案的行政许可在华申报责任单位授权书复印

件及行政许可在华申报责任单位营业执照复印件并加盖公章。

⑦可能有助于行政许可的其他资料。

申请人应根据新原料特性按上述要求提交资料，相关要求不适用的除外。

另附送审样品1件。

（三）化妆品新原料的审评原则

（1）对于申请人提交的化妆品新原料安全性评价资料的完整性、合理性和科学性进行审评：

①安全性评价资料内容是否完整并符合有关资料要求；

②依据是否科学，关键数据是否合理，分析是否符合逻辑，结论是否正确；

③重点审核化妆品新原料的来源、理化性质、使用目的、范围、使用限量及依据、生产工艺、质量安全控制要求和必要的毒理学评价资料等。

（2）经审评认为化妆品新原料安全性评价资料存在问题的，审评专家应根据化妆品监管相关规定和科学依据，提出具体意见。申请人应当在规定的时限内提供相应的安全性评价资料。

（3）随着科学研究的发展，国家食品药品监督管理局可对已经批准的化妆品新原料进行再评价。

第六章　化妆品生产监管

第一节　化妆品生产监管的法律依据

化妆品生产监管的本质是监督部门对化妆品生产企业是否按照化妆品监管有关的法律法规和技术标准、要求，在许可的场所、范围内从事化妆品生产的监管，是对企业在生产过程中各项条件是否达到许可审查时要求的符合性检查及处理。因此，对化妆品生产企业及其产品许可的技术标准、规范、要求等，同样适用于生产监管。本章中提及的《化妆品生产企业卫生许可证》于2017年1月1日起统一更换为《化妆品生产许可证》。

一、法规对化妆品生产及其监管的规定

（一）《化妆品卫生监督条例》

《化妆品卫生监督条例》确立了化妆品国家监督制度，规定了化妆品生产企业及其从业人员必须符合的要求，同时规定化妆品及其原料必须符合相应的标准和要求。该条例是化妆品生产监管的法规依据，其他有关化妆品生产监管的规范性文件都应该是对它的进一步细化，对它所确定的原则的具体应用。条例主要关于化妆品生产监管的内容如下：

（1）第六条规定，化妆品生产企业必须符合下列卫生要求：

①生产企业应当建在清洁区域内，与有毒、有害场所保持符合要求的间距。

②生产企业厂房的建筑应当坚固、清洁。车间内天花板、墙壁、地面应当采用光洁建筑材料，应当具有良好的采光（或照明），并应当具有防止和消除鼠害和其他有害昆虫及其滋生条件的设施和措施。

③生产企业应当设有与产品品种、数量相适应的化妆品原料、加工、包装、贮存等厂房或场所。

④生产车间应当有适合产品特点的相应的生产设施，工艺规程应当符合

要求。

⑤生产企业必须具有能对所生产的化妆品进行微生物检验的仪器设备和检验人员。

（2）第七条规定，直接从事化妆品生产的人员，必须每年进行健康检查，取得健康证后方可从事化妆品的生产活动。

凡患有手癣、指甲癣、手部湿疹、发生于手部的银屑病或者鳞屑、渗出性皮肤病，以及患有痢疾、伤寒、病毒性肝炎、活动性肺结核等传染病的人员，不得直接从事化妆品生产活动。

（3）第八条规定，生产化妆品所需的原料、辅料以及直接接触化妆品的容器和包装材料必须符合国家卫生标准。

（4）第九条规定，使用化妆品新原料生产化妆品，必须经国务院卫生行政部门批准。

（5）第十条规定，生产特殊用途的化妆品，必须经国务院卫生行政部门批准，取得批准文号后方可生产。

（6）第十一条规定，生产企业在化妆品投放市场前，必须按照国家《化妆品卫生标准》对产品进行卫生质量检验，对质量合格的产品应当附有合格标记。未经检验或者不符合卫生标准的产品不得出厂。

（7）第十二条规定，化妆品标签上应当注明产品名称、厂名，并注明生产企业卫生许可证编号；小包装或者说明书上应当注明生产日期和有效使用期限。特殊用途的化妆品，还应当注明批准文号。对可能引起不良反应的化妆品，说明书上应当注明使用方法、注意事项。

化妆品标签、小包装或者说明书上不得注有适应症，不得宣传疗效，不得使用医疗术语。

（8）第二十四条规定，未取得《化妆品生产企业卫生许可证》的企业擅自生产化妆品的，责令该企业停产，没收产品及违法所得，并且可以处违法所得3到5倍的罚款。

（9）第二十五条规定，生产未取得批准文号的特殊用途的化妆品，或者使用化妆品禁用原料和未经批准的化妆品新原料的，没收产品及违法所得，处违法所得3到5倍的罚款，并且可以责令该企业停产或者吊销《化妆品生产企业卫生许可证》。

（10）第二十六条规定，进口或者销售未经批准或者检验的进口化妆品的，没收产品及违法所得，并且可以处违法所得3到5倍的罚款。

对已取得批准文号的生产特殊用途化妆品的企业，违反本条例规定，情节严重的，可以撤销产品的批准文号。

（11）第二十七条规定，生产或者销售不符合国家《化妆品卫生标准》的化妆品的，没收产品及违法所得，并且可以处违法所得 3 到 5 倍的罚款。

（12）第二十八条规定，对违反本条例其他有关规定的，处以警告，责令限期改进；情节严重的，对生产企业，可以责令该企业停产或者吊销《化妆品生产企业卫生许可证》，对经营单位，可以责令其停止经营，没收违法所得，并且可以处违法所得 2 到 3 倍的罚款。

二、规章对化妆品生产及其监管的规定

《化妆品卫生监督条例实施细则》对条例中关于化妆品生产及其监管的规定进行更为详细的规定，具体内容如下：

（1）第二十八条规定，地市以上卫生行政部门对已取得《化妆品生产企业卫生许可证》的企业，组织定期和不定期检查。定期检查每年第一、第三季度各一次；审查发放《化妆品生产企业卫生许可证》当年和复核年度各减少一次。

（2）第二十九条规定，对化妆品生产企业的定期和不定期检查主要内容是：

①监督检查生产过程中的卫生状况；

②监督检查是否使用了禁用物质和超量使用了限用物质生产化妆品；

③每批产品出厂前的卫生质量检验记录；

④产品卫生质量；

⑤产品标签、小包装、说明书是否符合《条例》第十二条规定；

⑥生产环境的卫生情况：

⑦直接从事化妆品生产的人员中患有《条例》第七条规定的疾病者调离情况。

（3）第三十条规定，该《实施细则》第二十九条第（四）项产品卫生质量检查办法是：

①检查数量（定期检查量加不定期检查量）：全年生产产品种类数为一至九种，抽查百分之百；全年生产产品种类数为十至一百种，抽查二分之一，但年抽查产品数不应少于十种；全年生产产品种类数超过一百种的，抽查三分之一，但年抽查产品数不应少于五十种。

②检查重点：重点检查未报省、自治区、直辖市卫生行政部门备案的产品、企业新投放市场的产品、卫生质量不稳定的产品、可能引起人体不良反应的产

品，以及有消费者投诉的产品等。

③检查项目

a. 对未报省、自治区、直辖市卫生行政部门备案的产品，审查产品成分、产品卫生质量检验报告，同时进行微生物、卫生化学方面的产品卫生质量监督检验。

如企业不能提供产品卫生质量检验报告，或提供的产品卫生质量检验报告不能证明产品使用安全的，由化妆品卫生监督检验机构进行强制鉴定。

b. 其他产品进行微生物、卫生化学方面的产品卫生质量监督检验。必要时，经同级卫生行政部门批准，可以对批准产品进行卫生安全性鉴定。

④抽查的产品按国家《化妆品卫生标准》及其标准方法检验。

（4）第四十五条规定，化妆品生产企业有下列行为之一者，处以警告的处罚，并可同时责令其限期改进：

①具有违反《条例》第六条规定之一项的行为者；

②直接从事化妆品生产的人员患有《条例》第七条所列疾病之一，未调离者；

③涂改《化妆品生产企业卫生许可证》者；

④涂改特殊用途化妆品批准文号者；

⑤拒绝卫生监督者。

（5）第四十六条规定，化妆品生产企业有下列行为之一者，处以停产 30 天以内的处罚：

①经警告处罚，责令限期改进后仍无改进者；

②具有违反《条例》第六条规定之两项以上行为者；

③经营单位转让、伪造、倒卖特殊用途化妆品批准文号者。

违反《条例》第六条规定者的停产处罚，可以是不合格部分的停产。

（6）第四十七条规定，化妆品生产企业停产处罚后，仍无改进，确不具备化妆品生产卫生条件者，处以吊销《化妆品生产企业卫生许可证》的处罚。

（7）第四十八条规定，生产企业转让、伪造、倒卖特殊用途化妆品批准文号者，处以没收违法所得及违法所得二到三倍的罚款的处罚，并可以撤销特殊用途化妆品批准文号。

三、规范性文件对化妆品生产及其监管的规定

现行有效的有关化妆品监管的规范性文件主要是为规范许可工作发布的，

其中大部分只有个别条款的部分内容适用于化妆品生产监管，如《化妆品行政许可申报受理规定》第十四条："生产企业跨境委托生产（含分装）化妆品的，其最后一道接触内容物的工序在境内完成的按国产产品申报，在境外完成的按进口产品申报。"可以在企业检查中判断其产品产地标示是否合法。而《化妆品命名规定》及《化妆品命名指南》的内容基本上都适用于生产企业监管。

（一）《化妆品命名规定》的相关规定

（1）第三条规定，化妆品命名必须符合下列原则：

①符合国家有关法律、法规、规章、规范性文件的规定；

②简明、易懂，符合中文语言习惯；

③不得误导、欺骗消费者。

（2）第四条规定，化妆品名称一般应当由商标名、通用名、属性名组成。名称顺序一般为商标名、通用名、属性名。

（3）第五条规定，化妆品命名禁止使用下列内容：

①虚假、夸大和绝对化的词语；

②医疗术语、明示或暗示医疗作用和效果的词语；

③医学名人的姓名；

④消费者不易理解的词语及地方方言；

⑤庸俗或带有封建迷信色彩的词语；

⑥已经批准的药品名；

⑦外文字母、汉语拼音、数字、符号等；

⑧其他误导消费者的词语。

上述⑦中，表示防晒指数、色号、系列号的，或注册商标以及必须使用外文字母、符号表示的除外；注册商标以及必须使用外文字母、符号的需在说明书中用中文说明，但约定俗成、习惯使用的除外，如维生素C。

（4）第六条规定，化妆品的商标名分为注册商标和未经注册商标。商标名应当符合本规定的相关要求。

（5）第七条规定，化妆品的通用名应当准确、客观，可以是表明产品主要原料或描述产品用途、使用部位等的文字。

（6）第八条规定，化妆品的属性名应当表明产品真实的物理性状或外观形态。

（7）第九条规定，约定俗成、习惯使用的化妆品名称可省略通用名、属性名。

（8）第十条规定，商标名、通用名、属性名相同时，其他需要标注的内容可在属性名后加以注明，包括颜色或色号、防晒指数、气味、适用发质、肤质或特定人群等内容。

（9）第十一条规定，名称中使用具体原料名称或表明原料类别词汇的，应当与产品配方成分相符。

（二）《化妆品命名指南》的相关规定

1. 禁用语

有些用语是否能在化妆品名称中使用应根据其语言环境来确定。在化妆品名称中禁止表达的词意或使用的词语包括：

（1）绝对化词意。如特效；全效；强效；奇效；高效；速效；神效；超强；全面；全方位；最；第一；特级；顶级；冠级；极致；超凡；换肤；去除皱纹等。

（2）虚假性词意。如只添加部分天然产物成分的化妆品，但宣称产品“纯天然”的，属虚假性词意。

（3）夸大性词意。如“专业”可适用于在专业店或经专业培训人员使用的染发类、烫发类、指（趾）甲类等产品，但用于其他产品则属夸大性词意。

（4）医疗术语。如处方；药方；药用；药物；医疗；医治；治疗；妊娠纹；各类皮肤病名称；各种疾病名称等。

（5）明示或暗示医疗作用和效果的词语。如抗菌；抑菌；除菌；灭菌；防菌；消炎；抗炎；活血；解毒；抗敏；防敏；脱敏；斑立净；无斑；祛疤；生发；毛发再生；止脱；减肥；溶脂；吸脂；瘦身；瘦脸；瘦腿等。

（6）医学名人的姓名。如扁鹊；华佗；张仲景；李时珍等。

（7）与产品的特性没有关联，消费者不易理解的词意。如解码；数码；智能；红外线等。

（8）庸俗性词意。如“裸”用于“裸体”时属庸俗性词意，不得使用；用于“裸妆”（如彩妆化妆品）时可以使用。

（9）封建迷信词意。如鬼、妖精、卦、邪、魂。又如“神”用于“神灵”时属封建迷信词意；用于“怡神”（如芳香化妆品）时可以使用。

（10）已经批准的药品名。如肤螨灵等。

（11）超范围宣称产品用途。如特殊用途化妆品宣称不得超出《化妆品卫生监督条例》及其实施细则规定的九类特殊用途化妆品含义的解释。又如非特殊用途化妆品不得宣称特殊用途化妆品作用。

2. 可宣称用语

凡用语符合化妆品定义的，可在化妆品名称中使用。在化妆品名称中推荐使用的可宣称用语包括：

（1）非特殊用途化妆品。发用化妆品名称中可使用去屑、柔软等词语；护肤化妆品名称中可使用清爽、控油、滋润、保湿、舒缓、抗皱、白皙、紧致、晒后修复等词语；彩妆化妆品名称中可使用美化、遮瑕、修饰、美唇、润唇、护唇、睫毛纤密和卷翘等词语；指（趾）甲化妆品名称中可使用保护、美化、持久等词语；芳香化妆品名称中可使用香体、怡神等词语；

（2）特殊用途化妆品名称可使用与其含义、用途、特征等相符的词语。如健美类化妆品名称中可使用健美；塑身等词语。祛斑类化妆品名称中可使用祛斑；淡斑等词语。

该指南是对化妆品名称中的禁用语和可宣称用语的原则性要求，具体词语包括但不限于上述词语。

（三）《化妆品生产经营企业索证索票和台账管理规定》的相关规定

（1）第二条规定，在中国境内从事化妆品生产经营的企业应当按照本规定加强和规范索证索票和台账管理。

（2）第三条规定，化妆品生产经营企业应当建立索证索票制度，认真查验供应商及相关质量安全的有效证明文件，留存相关票证文件或复印件备查，加强台账管理，如实记录购销信息。

（3）第四条规定，化妆品生产经营企业应当由相关部门或专人负责索证索票和台账管理工作，相关人员应当经过培训。

（4）第五条规定，生产企业索证至少应当包括以下内容：国内生产企业或供应商的营业执照；原料、包装材料生产企业的其他资质证明；原料、包装材料的检验合格证明；涉及商标、条形码印刷的供应商印刷许可证和条形码印刷许可证。不能提供原件的，可以提供复印件。但复印件应加盖国内生产企业或供应商的公章并存档备查。

（5）第六条规定，生产企业索票应当索取供货商出具的正式销售发票及相关凭证，注明原料、包装材料的名称、规格、数量、生产日期 / 批号、保质期、单价、金额、销货日期，以及原料、包装材料供应商的住所和联系方式等信息。

（6）第十条规定，索证索票应当按供应商名称或者化妆品种类建档备查，相关档案应当妥善保存，保存期应当比产品有效期延长6个月，鼓励有条件的化妆品生产经营企业实行电子化管理。

（7）第十一条规定，化妆品生产经营企业应当实行台账管理，建立购货台账和销售台账。

（8）第十二条规定，购货台账按照每次购入的情况如实记录，内容包括名称、规格、数量、生产日期/批号、保质期限、产地、购进价格、购货日期、供应商名称及联系方式等信息。

（9）第十三条规定，购货台账按照供应商、供货品种、供货时间顺序等分类管理。

（10）第十四条规定，销售台账应详细记录化妆品的产品流向。内容包括产品名称、规格、数量、生产日期/批号、保质期限、产地、销售价格、销售日期、库存等内容，或保留载有相关信息的销售票据。

（11）第十五条规定，购货台账和销售台账应当妥善保存，保存期应当比产品有效期延长6个月。

四、化妆品生产及其监管相关的技术标准和规范

化妆品生产及其监管相关的技术标准与规范主要有《化妆品生产企业卫生规范》《化妆品安全技术规范》和《消费品使用说明化妆品通用标签》，前者主要是化妆品生产行为方面的规定，后者主要是对产品和原料方面的规定。

（一）《化妆品生产企业卫生规范》

1. 设施和设备的卫生要求

（1）第九条规定，生产企业应具备与其生产工艺、生产能力相适应的生产、仓储、检验、辅助设施等使用场地。仓库总面积应与企业的生产能力和规模相适应。

（2）第十条规定，生产车间布局应满足生产工艺和卫生要求，防止交叉污染。生产工艺流程应做到上下衔接，人流、物流分开，避免交叉。原料及包装材料、产品和人员的流动路线应当明确划定。

（3）第十一条规定，生产过程中产生粉尘或者使用易燃、易爆等危险品的，应使用单独生产车间和专用生产设备，落实相应卫生、安全措施，并符合国家

有关法律法规规定。

产生粉尘的生产车间应有除尘和粉尘回收设施。生产含挥发性有机溶剂的化妆品（如香水、指甲油等）的车间，应配备相应防爆设施。

（4）第十三条规定，生产车间的地面、墙壁、天花板和门、窗的设计和建造应便于保洁。

（5）第十四条规定，生产车间的物流通道应宽敞，采用无阻拦设计。

（6）第十七条规定，仓库内应有货物架或垫仓板，库存的货物码放应离地、离墙 10 厘米以上，离顶 50 厘米以上，并留出通道。仓库地面应平整，有通风、防尘、防潮、防鼠、防虫等设施，并定期清洁，保持卫生。

（7）第十八条规定，生产车间更衣室应配备衣柜、鞋架等设施，换鞋柜宜采用阻拦式设计。衣柜、鞋柜采用坚固、无毒、防霉和便于清洁消毒的材料。更衣室应配备非手接触式流动水洗手及消毒设施。

（8）第十九条规定，制作间、半成品储存间、灌装间、清洁容器储存间、更衣室及其缓冲区空气应根据生产工艺的需要经过净化或消毒处理，保持良好的通风和适宜的温度、湿度。

生产眼部用护肤类、婴儿和儿童用护肤类化妆品的半成品储存间、灌装间、清洁容器储存间应达到 30 万级洁净要求；其他护肤类化妆品的半成品储存间、灌装间、清洁容器储存间宜达到 30 万级洁净要求。净化车间的洁净度指标应符合国家有关标准、规范的规定。

采用消毒处理的其他车间，应有机械通风或自然通风，并配备必要的消毒设施。其空气和物表消毒应采取安全、有效的方法，如采用紫外线消毒的，使用中紫外线灯的辐照强度不得小于 70 微瓦 / 平方厘米，并按照 30 瓦 /10 平方米设置。

（9）第二十条规定，生产车间工作面混合照度不得小于 200 勒克斯，检验场所工作面混合照度不得小于 500 勒克斯。

（10）第二十五条规定，生产过程中取用原料的工具和容器应按用途区分，不得混用，应采用塑料或不锈钢等无毒材质制成。

2. 原料和包装材料卫生要求

（1）第二十六条规定，原料及包装材料的采购、验收、检验、储存、使用等应有相应的规章制度，并由专人负责。

（2）第二十七条规定，原料必须符合国家有关标准和要求。企业应建立所使用原料的档案，有相应的检验报告或品质保证证明材料。需要检验检疫的进口原料应向供应商索取检验检疫证明。

生产用水的水质应达到国家生活饮用水卫生标准（GB5749-2006）的要求（pH值除外）。

（3）第二十八条规定，各种原料应按待检、合格、不合格分别存放；不合格的原料应按有关规定及时处理，有处理记录。

（4）第二十九条规定，经验收或检验合格的原料，应按不同品种和批次分开存放，并有品名（INCI名〔如有必须标注〕或中文化学名称）、供应商名称、规格、批号或生产日期和有效期、入库日期等中文标识或信息；原料名称用代号或编码标识的，必须有相应的INCI名（如有必须标注）或中文化学名称。

（5）第三十条规定，对有温度、相对湿度或其他特殊要求的原料应按规定条件储存，定期监测，做好记录。

（6）第三十一条规定，库存的原料应按照先进先出的原则，有详细的入、出库记录，并定期检查和盘点。

（7）第三十三条规定，原料、包装材料和成品应分库（区）存放。易燃、易爆品和有毒化学品应当单独存放，并严格执行国家有关规定。

3. 生产过程的卫生要求

（1）第三十四条规定，化妆品生产过程应当遵循企业卫生管理体系的相关规定，制定相应的标准操作规程，按规程进行生产，并做好记录。

（2）第三十五条规定，生产操作应在规定的功能区内进行，应合理衔接与传递各功能区之间的物料或物品，并采取有效措施，防止操作或传递过程中的污染和混淆。

（3）第三十六条规定，生产中应定期监测生产用水中pH、电导率、微生物等指标。水质处理设备应定期维护并有记录；停用后重新启用的应进行相应处理并监测合格。

（4）第三十七条规定，产品的原料应当严格按照相应的产品配方进行称量、记录与核实。称量记录应明确记载配料日期、责任人、产品批号、批量和原料名称及配比量。配、投料过程中使用的有关器具应清洁无污染。对已开启的原料包装应重新加盖密封。

（5）第三十八条规定，生产设备、容器、工具等在使用前后应进行清洗和消毒，生产车间的地面和墙裙应保持清洁。车间的顶面、门窗、纱窗及通风排气网罩等应定期进行清洁。

生产过程中半成品储存间、灌装间、清洁容器储存间和更衣室空气中细菌菌落总数应≤ 1000 CFU/m^3；灌装间工作台表面细菌菌落总数应≤ 20 CFU/m^2，工人手表面细菌菌落总数应≤ 300 CFU/ 只手，并不得检出致病菌。采样方法、检验方法参照 GB15979–2002《一次性使用卫生用品卫生标准》。

（6）第三十九条规定，生产车间各功能区内不得存放与化妆品生产无关的物品，不得擅自改变功能区用途。化妆品生产过程中的不合格产品及废弃物应分别设固定存放区域或专用容器收集并及时处理。

（7）第四十条规定，进入灌装间的操作人员、半成品储存容器和包装材料不应造成对成品的二次污染。半成品储存容器应经过严格的清洗和消毒，通过传递口至灌装环节。存放容器或辅料的外包装未经处理不得进入灌装车间。

（8）第四十一条规定，化妆品生产过程中的各项原始记录（包括原料和成品进出库记录、产品配方、称量记录、批生产记录、批号管理、批包装记录、岗位操作记录及工艺规程中各个关键控制点监控记录等）应妥善保存，保存期应比产品的保质期延长六个月，各项记录应当完整并有可追溯性。

（9）第四十二条规定，生产过程中应对原料、半成品和成品进行卫生质量监控。生产企业应具有微生物项目（包括：菌落总数、粪大肠菌群、金黄色葡萄球菌、铜绿假单胞菌、霉菌和酵母菌等）检验的能力。

（10）第四十三条规定，半成品经检验合格后方可进行灌装。

（11）第四十四条规定，成品的卫生要求应符合《化妆品卫生规范》的规定。每批化妆品投放市场前必须进行卫生质量检验，合格后方可出厂。

产品的标识标签必须符合国家有关规定。

4. 成品贮存与出入库卫生要求

（1）第四十五条规定，产品贮存应有管理制度，内容包括与产品卫生质量有关的贮存要求，规定产品必需的贮存条件，确保贮存安全。

（2）第四十六条规定，未经自检的成品入库，应有明显的待检标志；经检验的成品，应根据检验结果，分别注上合格品或不合格品的标志，分开贮存；不合格品应贮存在指定区域，隔离封存，及时处理。

（3）第四十七条规定，成品贮存的条件应符合产品标准的规定，成品应按品种分批堆放。

（4）第四十八条规定，成品入库应有记录，内容包括：生产批号、半成品及成品检验结果编号。

（5）第四十九条规定，产品出库须做到先进先出。出库前，应核对产品的生产批号和检验结果是否相符。出库应有完整记录，包括收货单位和地址、发货日期、品名、规格、数量、批号等，并对运输车辆的卫生状况进行确认。

（6）第五十条规定，定期将出库记录、销售记录按品名和数量进行汇总，记录至少应保存至超过化妆品有效期半年。

不合格品运出仓库进行处理应有完整记录，包括品名、规格、批号、数量、处理方式、处理人。

（7）第五十一条规定，仓库应设立退货区用于储存退货产品，退货产品应明显标记并有完整记录，内容包括：退货单位、品名、规格、数量、批号、日期、退货原因，并保存备查。

退货经检验后，方可纳入到合格品或不合格品区，不合格产品应及时处理并做好记录。

5. 卫生管理要求

（1）第五十二条规定，生产企业应建立与企业规模和产品类别相适应的卫生管理组织架构，设有独立的质量管理部门。质量管理部门负责制定和修订企业各项卫生管理制度，组织协调从业人员的培训和定期体检以及产品的质量检验工作。

（2）第五十三条规定，质量管理部门应由经过培训和考核且具有化妆品生产经验和质量管理经验的人员负责。质量管理部门和车间等有关部门应配备专职的卫生管理人员，按照管理范围，做好监督、检查、考核等工作。

（3）第五十四条规定，生产企业应设置专职的化妆品卫生管理员。

化妆品卫生管理员应掌握国家有关卫生法规、标准和规范性文件对化妆品生产的卫生要求，熟悉产品生产过程中的污染因素和控制措施，有从事化妆品卫生管理工作的经验，参加过相关专业培训，身体健康并具有从业人员健康合格证明。

（4）第五十五条规定，生产企业的质量管理部门应由企业负责人直接领导，设立与生产能力相适应的卫生质量检验室，负责化妆品生产全过程的质量管理和检验。质量管理部门应配备一定数量的质量管理和检验人员。质量检验室的场所、仪器、设备等硬件设施至少应满足化妆品微生物的检验要求。

质量管理部门必须设立与化妆品生产规模、品种、保存要求相适应的留样室或留样柜。每批产品均应有留样，并保存至产品保质期后六个月。

（5）第五十六条规定，生产企业应按国家相关规定或企业卫生质量标准和检验方法对生产的化妆品进行检验，并有健全的检验制度。检验原始记录应齐全，并应妥善保存至超过产品保质期后半年。检验用的仪器、设备应按期检定，及时维修，以保证检验数据的准确。

（6）第五十七条规定，企业应建立化妆品不良反应监测报告制度，并指定专门机构或人员负责管理。

发现任何涉及化妆品卫生质量和化妆品不良反应的投诉应按最初了解的情况进行详细记录，并进行调查，记录内容包括投诉人或引起不良反应者的姓名、化妆品名称、化妆品批号、接触史和皮肤病医生的诊断意见。如果某一批次化妆品被发现或怀疑存在卫生质量问题或缺陷，为了确认其他产品是否同样受到影响，需要检查其他批次产品。

对产品卫生质量问题或不良反应投诉的处理，应详细记录所有的结论和采取的措施，并作为对相应批次产品记录的补充。

化妆品生产出现重大卫生质量问题或售出产品出现重大不良反应时，应及时向当地卫生行政部门报告。

（7）第五十八条规定，发现化妆品卫生质量问题或缺陷，可能对人体造成健康危害时，化妆品生产企业应该迅速、及时采取召回行动。召回的产品应被注明，内容包括品名、批号、规格、数量、召回单位及地址、召回原因及日期、处理意见，并单独保存在一个安全的场所，等待处理决定。因卫生质量原因召回的化妆品，应及时处理。

化妆品生产企业应制定化妆品退货和召回的书面程序，并有记录，包括品名、批号、规格、数量、退货和召回单位及地址、召回原因、处理意见和日期。

（8）第五十九条规定，化妆品生产企业应有涉及生产管理和质量管理全过程的各项制度和文件记录，同时建立文件的起草、修订审查、批准、撤销、印制及保管的管理制度。建立完整的质量管理档案，设有档案柜和档案管理人员。分发、使用的文件应为批准的现行有效文本。已撤销和过时的文件除留档备查外，不得在工作中使用。

6. 人员资质要求

（1）第六十条规定，管理者及从业人员资质要求：生产企业的管理者应熟悉化妆品有关卫生法规、标准和规范性文件，能按照卫生部门的有关规定依法生产，认真组织、实施化妆品生产有关的卫生规范和要求；直接从事化妆品生产的人员应经过化妆品生产卫生知识培训并经考核合格，身体健康并具有从业人员健康证明。

（2）第六十一条规定，从事卫生质量检验工作的人员应掌握微生物学的有关基础知识，掌握《化妆品卫生规范》及本企业的产品质量标准，熟悉化妆品的生产工艺和质量保证体系知识，了解化妆品卫生有关法律法规知识，上岗前应经卫生检验专业培训并通过省级卫生行政部门考核。

（3）第六十二条规定，从业人员每年培训应不得少于1次，并有培训考核记录。内容包括相关法律法规知识、卫生知识、质量知识、化妆品基本知识、安全培训等。

7. 个人卫生要求

（1）第六十三条规定，健康检查要求：从业人员应按《化妆品卫生监督条例》的规定，每年至少进行一次健康检查，必要时接受临时检查。新参加或临时参加工作的人员，应经健康检查，取得健康证明后方可参加工作。对患有痢疾、伤寒、病毒性肝炎、活动性肺结核从业人员的管理，按国家《传染病防治法》有关规定执行；凡患有手癣、指甲癣、手部湿疹、发生于手部的银屑病或者鳞屑、渗出性皮肤病者，不得直接从事化妆品生产活动，在治疗后经原体检单位检查证明痊愈，方可恢复原工作；应按规定开展从事有职业危害因素作业的人员健康监护；应建立从业人员健康档案。

（2）第六十四条规定，从业人员个人卫生要求：从业人员应勤洗头、勤洗澡、勤换衣服、勤剪指甲，保持良好个人卫生；生产人员进入车间前必须洗净、消毒双手，穿戴整洁的工作衣裤、帽、鞋，头发不得露于帽外；生产人员应勤洗手；直接从事化妆品生产的人员不得戴首饰、手表以及染指甲、留长指甲，不得化浓妆、喷洒香水；禁止在生产场所吸烟、进食及进行其他有碍化妆品卫生的活动；操作人员手部有外伤时不得接触化妆品和原料；不得穿戴制作间、灌装间、半成品储存间、清洁容器储存间的工作衣裤、帽和鞋进入非生产场所，不得将个人生活用品带入生产车间；临时进入化妆品生产区的非操作人员，应符合现场操作人员卫生要求。

（3）第六十五条规定，从业人员工作服管理：工作服应有清洗保洁制度，定期进行更换，保持清洁；每名从业人员应有两套或以上工作服。

（4）第六十六条规定，从事职业危害因素的作业防护应符合国家相关法规和标准。生产操作过程中接触气溶胶、粉尘、挥发性刺激物的工序应戴口罩。

（二）《消费品使用说明化妆品通用标签》

《消费品使用说明化妆品通用标签》的规定能够正确引导消费者选购和使用化妆品，产品质量责任者向消费者做出承诺，向政府主管部门提供监督检查依据。

1. 标签

粘贴、印刷在销售包装上及置于销售包装内的说明性材料。

2. 销售包装

以销售为主要目的与内装物一起到达消费者手中的包装。

3. 内装物

包装内所装的产品。

4. 保质期

指在产品标准规定的条件下，保持产品质量（品质）的期限。在此期限内，产品完全适于销售，并符合产品标准中所规定的质量（品质）。

5. 标签的形式

（1）根据产品特点采用以下形式：直接印刷或粘贴在产品容器上的标签；小包装上的标签；小包装内放置的说明性材料。

（2）基本原则：化妆品标签的所有内容，应简单明了，通俗易懂，科学正确；化妆品的标签应如实介绍产品，不应有夸大和虚假的宣传内容，不应使用医疗用语或易与药品混淆的用语。

6. 必须标注内容

（1）产品名称：产品名称应符合国家、行业、企业产品标准的名称，或反映化妆品真实属性的、简明、易懂的产品名称。使用新创名称时，必须同时使用化妆品分类规定的名称，反映产品的真实属性。产品名称应标注在主视面。

（2）制造者的名称和地址：应标明产品制造、包装、分装者的经依法登记注册的名称和地址。进口化妆品应标明原产国名、地区名（指台湾、香港、澳门）、制造者名称、地址或经销商、进口商、在华代理商在国内依法登记注册的名称和地址。

（3）内装物量：应标明容器中产品的净含量或净容量。

（4）日期标注：必须按下面两种方式之一标注：

①生产日期和保质期；

②生产批号和限期使用日期。

（5）标注方法：生产日期标注：按年、月或年、月、日顺序标注。

保质期标注：保质期 × 年；保质期 × 月。

生产批号标注：由生产企业自定。

限期使用日期：请在 ×× 年 ×× 月之前使用等语句。日期标记应标注在产品包装的可视面（除生产批号外）。

（6）应标明生产企业的生产许可证号、卫生许可证号和产品标准号。进口化妆品应标明进口化妆品卫生许可证批准号。特殊用途化妆品还须标注特殊用途化妆品卫生批准文号。必要时应注明安全警告和使用指南。必要时应注明满足保质期和安全性要求的储存条件。

五、化妆品生产及其监管相关的工作文件

各级化妆品监管部门主要是依据各级人民政府及其工作部门发布的各种工作文件开展工作，其中有对上位法规定的具体化，对某一具体问题的解释，或对某项工作的政策性规定。国家食品药品监督管理（总）局发布（包括卫生部发布）的现行有效的工作文件主要如下。

（一）关于规范生产及监管行为的工作文件

（1）关于切实加强化妆品卫生监督管理工作的紧急通知，国食药监电〔2009〕5号。

主要强调了加强对生产中违法添加化妆品禁用物质的查处。

（2）关于加强国产非特殊用途化妆品备案管理工作的通知，国食药监许〔2009〕118号。

强调了要加强国产非特殊用途化妆品备案管理，发挥备案资料的作用。

（3）关于印发化妆品中可能存在的安全性风险物质风险评估指南的通知，国食药监许〔2010〕339号。

（4）关于加快推进保健食品化妆品安全风险控制体系建设的指导意见，国食药监许〔2011〕132号。

（5）关于加强化妆品原料监督管理有关事宜的通知，国食药监许〔2011〕241号。

强调了生产企业对原料采购、贮存、使用、检验等的管理，监管部门应加

强检查。

（6）国家食品药品监督管理局关于印发化妆品生产经营日常监督现场检查工作指南的通知，食药监办许〔2010〕89号。

该文件根据有关法律法规和规范性文件等的规定，提出了对监管部门进行化妆品生产监管检查内容、方式、程序，以及违法处理的指导。

（7）关于进一步加强化妆品违规标识监督检查的通知，食药监办保化〔2011〕108号。

（8）关于印发化妆品生产企业原料供应商审核指南的通知，食药监办保化〔2011〕186号。

（9）关于加强化妆品标识和宣称日常监管工作的通知，食药监办许〔2010〕135号。

（10）关于印发保健食品化妆品监督行政执法文书规范（试行）的通知，国食药监稽〔2011〕498号。

（11）卫生部关于加强染发剂原料监督管理有关问题的通知，卫监督发〔2006〕45号。

（12）关于调整从疯牛病疫区进口化妆品管理措施的公告，中华人民共和国卫生部2007年第116号。

13.（13）关于印发化妆品生产经营日常监督现场检查工作指南的通知，食药监办许〔2010〕89号，国家食品药品监督管理局于2010年2月5日印发。

（14）关于加强化妆品生产经营日常监管的通知，食药监办许〔2010〕35号，2010年4月27日发布。

（15）关于发布防晒化妆品防晒效果标识管理要求的公告（2016年第107号），国家食品药品监督管理总局于2016年6月1日发布。

（二）关于法律适用解释的文件

（1）关于保健食品化妆品名称标示有关问题的复函，食药监许函〔2011〕52号。

（2）卫生部关于委托加工化妆品包装标识标注规定的通知，卫监发〔1998〕第4号。

（3）卫生部法监司关于育发化妆品监管有关问题的通知，卫法监食便函〔2003〕127号。

（4）卫生部关于将抑制粉刺类产品作为化妆品生产和销售的函。

（5）卫生部关于宾馆、旅店使用化妆品有关问题的批复，卫法监发〔1998〕第9号。

（6）卫生部法监司关于如何计算化妆品生产经营行为的违法所得请示的复函，卫法监食发〔2000〕第16号。

（7）卫生部法监司关于对超过有效使用期等禁止销售的化妆品如何处理请示的批复，卫法监食便函〔2001〕125号。

（8）卫生部关于制止健康相关产品违法宣传性功能的通知，卫法监发〔2002〕57号。

（9）卫生部关于特殊用途化妆品有关问题的批复，卫法监发〔2002〕280号。

（10）卫生部关于禁止化妆品进行抗抑菌宣传的公告，中华人民共和国卫生部2004年第14号。

（11）卫生部关于健康相关产品卫生许可批件到期后产品监督管理有关问题的通知，卫监督发〔2005〕102号。

（12）卫生部关于化妆品监管中有关法律适用问题的批复，卫监督发〔2006〕236号。

（13）卫生部关于化妆品非卖品监管有关问题的批复，卫监督发〔2007〕134号。

（14）卫生部关于“浴精”应纳入《化妆品卫生监督条例》调整范围的批复，卫法监发〔2002〕40号。

六、关于技术标准文件的补充修订的文件

（1）关于印发化妆品用乙醇等3种原料要求的通知，国食药监保化〔2011〕500号。

（2）关于印发化妆品用三乙醇胺原料要求的通知，国食药监许〔2010〕438号。

（3）卫生部关于批准9.69%甲基异噻唑啉酮作为化妆品原料使用的通知，卫监督发〔2007〕172号。

（4）卫生部关于批准4-甲氧基水杨酸钾作为化妆品原料使用的通知，卫监督发〔2007〕141号。

（5）卫生部关于批准籽瓜提取液作为化妆品原料使用的通知，卫法监发〔2003〕220号。

第二节　化妆品生产企业监督主要检查内容

依照化妆品监管相关的法规、规章、规范性文件及技术标准和规范的规定，化妆品生产监管的主要检查内容可以归纳为如下方面。

一、持证生产及产品获批和备案

（1）《化妆品生产企业卫生许可证》是否在许可有效期限内；生产项目是否超出行政许可范围。

（2）生产特殊用途化妆品是否有有效许可批件；非特殊用途化妆品是否经备案（上市后两个月内）。

二、生产设施条件

（1）厂区环境是否清洁卫生；周围30m内是否有可能对产品安全性造成影响的污染源。

（2）是否擅自更改已许可的生产场地、功能布局及设施；生产车间是否按已许可的设计功能使用。

（3）生产车间内墙面、地面、天花板、门窗、纱窗及通风排气网罩等是否有破损、剥落、霉迹等现象；是否保持清洁；产生粉尘的生产场所是否配备有效的除尘设施。

（4）更衣室是否设置衣柜、换鞋柜，宜采用拦截式设计；衣、帽、鞋是否清洁、数量足够；洗手、消毒设施是否能正常运转。

（5）生产车间是否存放与生产无关的物品。

三、人员管理

（1）是否配备专职化妆品卫生管理员和检验人员；检验员、配制员是否经专业培训和考核合格。

（2）直接从事化妆品生产的从业人员是否持有健康检查合格证明；是否建立从业人员健康档案；是否按要求进行培训考核。

（3）生产人员生产时是否穿戴工作服、鞋、帽；工作服是否整洁，穿戴是否符合要求；生产人员是否在生产场所吸烟、进食或存放个人生活用品；直接从事化妆品生产的人员是否戴首饰、手表、染指甲或留长指甲。

（4）患有手癣、指甲癣、手部湿疹、发生于手部的银屑病或者鳞屑、渗出性皮肤病以及患有痢疾、伤寒、病毒性肝炎、活动性肺结核等传染病的人员是否已经调离直接从事化妆品生产的岗位。

四、生产过程

（1）生产设备、检验仪器设备、生产车间空气净化设施或通风排气设施、消毒设施是否正常运转及定期维护；有无使用、维护记录，记录是否完整。

（2）生产用水水质是否达到国家生活饮用水卫生标准（GB5749-2006）的要求（pH 值除外）；生产工艺用水是否定期监测。

（3）生产管理、品质管理、卫生管理、人员管理等制度是否健全、落实；是否建立并执行化妆品不良反应监测制度及不合格产品召回报告制度。

（4）是否制定化妆品生产的标准操作规程；是否按规程进行生产。

（5）化妆品生产过程中是否建立各项原始记录（包括原料和成品进出库记录、产品配方、称量记录、批生产记录、批号管理、批包装记录、岗位操作记录及工艺规程中各个关键控制点监控记录等）并妥善保存，各项记录是否完整并有可追溯性。

（6）生产过程中的废弃物是否设固定存放区域或专用容器收集，及时处理。

（7）生产设备、容器、工具等在使用前后是否进行清洗和消毒。

五、质量控制和检验

（1）生产过程中是否对原料、半成品和成品进行卫生质量监控。

（2）是否按要求开展每批产品出厂前的微生物项目检验工作，是否建立检验记录，记录是否真实完整，记录保留期限应比产品的保质期长 6 个月。

（3）生产企业在化妆品投放市场前，对质量合格的产品是否附有合格标记。

六、原料管理

（1）各种原料是否按待检、合格、不合格分别存放，是否有品名〔INCI 名（如有必须标注）或中文化学名称〕、供应商名称、规格、批号或生产日期和有效期、入库日期等中文标识或信息；原料名称用代号或编码标识的，必须有相应的 INCI 名（如有必须标注）或中文化学名称。经验收或检验合格的原料，是否按不同品种和批次分开存放，库存原料标识内容是否完整，有无建立原料进出库账、卡。如采用计算机控制系统，应能确保不合格物料不放行。

（2）不合格的原料是否按有关规定及时处理并有处理记录。

（3）所使用的原料有无相应的检验报告或品质保证证明材料。

（4）是否使用化妆品禁用原料及未经批准的化妆品新原料生产；限用原料是否在规定的使用限度内。

七、仓储管理

（1）成品是否按待检、合格、不合格、退货等分区存放并有明显标志，如采用计算机控制系统，应能确保不合格产品不放行。

（2）不合格产品及退货产品是否及时处理并有完整的记录。

（3）易燃、易爆品和有毒化学品是否单独存放。使用记录是否完整。

八、产品标签标识

（1）产品标签、标识、说明书是否符合规定。如是否有违规宣传“药妆”“医学护肤品”“解毒”“脱敏”等内容。

（2）是否建立健全和落实包装材料、产品标签标识管理制度。

第三节　化妆品生产监督程序

一、听取汇报

（1）积极主动与企业沟通，通过了解企业发展历史、质量管理体系运行状况和产品市场情况，分析判断企业运行中是否存在问题、存在哪方面问题、当前急需解决哪些问题。

（2）通过提问的方式了解各岗位人员（配制、检验、仓储等）是否熟悉岗位操作规程。

（3）对于现场检查中发现的问题，应告知企业整改，并确定整改要求和时限。

二、检查管理文件和各项生产记录

（1）检查质量管理体系中的各项制度是否切实可行以及执行情况。

（2）检查文件规定的内容，是否与现场观察的实际情况相一致。

（3）检查各项记录间的可追溯性，能否根据各项记录的相互关系完成产品生产过程的可追溯。

三、现场检查

（1）查看是否擅自更改已许可的生产场地、功能布局及设施；生产车间是否按已许可的设计功能使用。

（2）查看生产车间是否整洁，设备、场地实际状况与记录或文件是否一致。

（3）观察生产人员、检验人员操作是否熟练，生产能力与实际生产、销售情况是否匹配。

（4）查看原料仓库、原料贮存间是否存放有化妆品禁用物质。

第四节　化妆品生产企业违法责任

对化妆品生产监管中发现的违法现象，监管部门应当依照《化妆品卫生条例》、《国务院关于加强食品等产品安全监督管理的特别规定》及相关规定进行查处。化妆品生产监管中的处罚案由及处罚规定如下。

一、未取得《化妆品生产企业卫生许可证》擅自生产化妆品

1. 违反的条款

《化妆品卫生监督条例》（以下简称《条例》）第五条第三款。

2. 处罚

（1）责令该企业停产；

（2）没收产品及违法所得；

（3）处以违法所得 3 到 5 倍的罚款。

3. 处罚依据

《条例》第二十四条。

二、生产未取得批准文号的特殊用途化妆品

1. 违反的条款

《条例》第十条第一款。

2. 处罚

（1）没收产品及违法所得；

（2）处以违法所得 3 到 5 倍的罚款；

（3）责令该企业停产或者吊销《化妆品生产企业卫生许可证》。

3. 处罚依据

依据《条例》第二十五条、第二十六条第二款。

三、不符合化妆品生产企业卫生要求

1. 违反的条款

《条例》第六条。

2. 处罚

（1）警告；

（2）责令限期改进；

（3）责令该企业停产；

（4）吊销《化妆品生产企业卫生许可证》。

3. 处罚依据

《条例》第二十八条,《细则》第四十五条第（一）项、第四十六条第一款第（一）（二）项、第四十七条第（一）项。

四、生产不符合国家《化妆品卫生标准》的化妆品

1. 违反的条款

《条例》第二十七条。

2. 处罚

（1）没收产品及违法所得；

（2）处以违法所得 3 到 5 倍的罚款

3. 处罚依据

《条例》第二十七条。

五、使用化妆品禁用原料（未经批准的新原料）生产化妆品

1. 违反的条款

《条例》第九条第一款、第二十五条。

2. 处罚

（1）没收产品及违法所得；

（2）处以违法所得 3 到 5 倍的罚款；

（3）责令该企业停产；

（4）吊销《化妆品生产企业卫生许可证》；

（5）情节严重的，撤销特殊用途化妆品批准文号。

3. 处罚依据

依据《条例》第二十五条、第二十六条第二款,《细则》第四十七条第（一）项。

六、原料（辅料、直接接触化妆品的容器或包装材料）不符合国家卫生标准

1. 违反的条款

《条例》第八条。

2. 处罚

（1）警告；

（2）责令限期改进；

（3）情节严重的，责令该企业停产或者吊销《化妆品生产企业卫生许可证》。

3. 处罚依据

《条例》第二十八条,《细则》第四十六条第一款第（一）项。

七、违反健康管理

1. 违反的条款

《条例》第七条。

2. 处罚

（1）警告；

（2）责令限期改进；

（3）情节严重的，责令该企业停产或者吊销《化妆品生产企业卫生许可证》。

3. 处罚依据

依据《条例》第二十八条,《细则》第四十五条第（二）项、第四十六条第一款第（一）项、第四十七条第（一）项。

八、违反化妆品检验合格出厂规定

1. 违反的条款

《条例》第十一条。

2. 处罚

（1）警告；

（2）责令限期改进；

（3）情节严重的，责令该企业停产或者吊销《化妆品生产企业卫生许可证》。

3. 处罚依据

《条例》第二十八条。

九、违反化妆品标签规定

1. 违反的条款

《条例》第十二条。

2. 处罚

（1）警告；

（2）责令限期改进；

（3）情节严重的，责令该企业停产或者吊销《化妆品生产企业卫生许可证》。

3. 处罚依据

《条例》第二十八条。

十、涂改《化妆品生产企业卫生许可证》(《特殊用途化妆品批准文号》《进口化妆品卫生审查批件》)

1. 违反的条款

《细则》第十四、十八、二十五条。

2. 处罚

（1）警告；

（2）停产或停止经营化妆品 30 天；

（3）对经营单位可以处没收违法所得及违法所得 2 到 3 倍的罚款；

（4）吊销《化妆品生产企业卫生许可证》。

3. 处罚依据

《细则》第四十五条第（四）（五）（六）项，第四十六条第一款第（一）（四）项，第四十七条第（一）项。

十一、转让、伪造、盗卖《化妆品生产企业卫生许可证》(《特殊用途化妆品批准文号》)

1. 违反的条款

《细则》第四十六条第（四）项、第四十七条第（二）项、第四十八条。

2. 处罚

（1）处没收违法所得及违法所得 2 到 3 倍的罚款；

（2）吊销《化妆品生产企业卫生许可证》（撤销特殊用途化妆品批准文号）。

3. 处罚依据

依据《细则》第四十六条第（四）项、第四十七条第（二）项、第四十八条。

十二、拒绝卫生监督

1. 违反的条款

《细则》第四十六条第一款第（七）项。

2. 处罚

（1）停产30天；

（2）吊销《化妆品生产企业卫生许可证》。

3. 处罚依据

依据《细则》第四十五条第（七）项、第四十七条第（一）项。

上述一至六种情形，也可依照《国务院关于加强食品等产品安全监督管理的特别规定》进行查处。

第七章　化妆品经营监管

第一节　化妆品经营监管的法律依据

化妆品经营监管是监督部门对化妆品经营单位是否按照化妆品监管有关的法律、法规和要求从事化妆品经营活动的监管，是对其经营活动和所经营的化妆品是否符合规定的检查及处理。本章中提及的《化妆品生产企业卫生许可证》于 2017 年 1 月 1 日起统一更换为《化妆品生产许可证》。

一、法规对化妆品经营及其监管的规定

（一）《化妆品卫生监督条例》

（1）第十二条规定，化妆品标签上应当注明产品名称、厂名，并注明生产企业卫生许可证编号；小包装或者说明书上应当注明生产日期和有效使用期限。特殊用途的化妆品，还应当注明批准文号。对可能引起不良反应的化妆品，说明书上应当注明使用方法、注意事项。

化妆品标签、小包装或者说明书上不得注有适应症，不得宣传疗效，不得使用医疗术语。

（2）第十三条规定，化妆品经营单位和个人不得销售下列化妆品：

①未取得《化妆品生产企业卫生许可证》的企业所生产的化妆品；

②无质量合格标记的化妆品；

③标签、小包装或者说明书不符合本条例第十二条规定的化妆品；

④未取得批准文号的特殊用途化妆品；

⑤超过使用期限的化妆品。

（3）第十四条规定，化妆品的广告宣传不得有下列内容：

①化妆品名称、制法、效用或者性能有虚假夸大的；

②使用他人名义保证或以暗示方法使人误解其效用的；

③宣传医疗作用的。

（4）第十五条规定，首次进口的化妆品，进口单位必须提供该化妆品的说明书、质量标准、检验方法等有关资料和样品以及出口国（地区）批准生产的证明文件，经国务院卫生行政部门批准，方可签定进口合同。

（5）第十六条规定，进口的化妆品，必须经国家商检部门检验；检验合格的，方准进口。

（6）第二十六条规定，进口或者销售未经批准或者检验的进口化妆品的，没收产品及违法所得，并且可以处违法所得3到5倍的罚款。

对已取得批准文号的生产特殊用途化妆品的企业，违反本条例规定，情节严重的，可以撤销产品的批准文号。

（7）第二十七条规定，生产或者销售不符合国家《化妆品卫生标准》的化妆品的，没收产品及违法所得，并且可以处违法所得3到5倍的罚款。

（8）第二十八条规定，对违反本条例其他有关规定的，处以警告，责令限期改进；情节严重的，对生产企业，可以责令该企业停产或者吊销《化妆品生产企业卫生许可证》，对经营单位，可以责令其停止经营，没收违法所得，并且可以处违法所得2到3倍的罚款。

二、规章对化妆品经营及其监管的规定

《化妆品卫生监督条例实施细则》对条例中关于化妆品经营及其监管的规定进行了更为详细的规定，具体内容如下：

（1）第二十四条规定，“进口化妆品卫生许可批件”有效期四年。期满前四至六个月可以向国务院卫生行政部门申请换发，申请时可不附资料。

超过有效期未申请者，按无批件处理。

（2）第二十五条规定，“进口化妆品卫生许可批件”和批准文号不得涂改、转让，严禁伪造、倒卖。

（3）第二十六条规定，“进口化妆品卫生许可批件”只对该批件载明的品种和生产国家、厂商有效。国外厂商或其代理商凭“进口化妆品卫生许可批件”按国家有关规定办理进口手续。

（4）第三十一条规定，经营化妆品的卫生监督要求是：

①化妆品经营者（含批发、零售）必须遵守《条例》第十三条规定。

②生产企业向经营单位推销化妆品，应出示《化妆品生产企业卫生许可证》

（复印件），经营单位应检查其产品标签上的《化妆品生产企业卫生许可证》编号和厂名是否与所持的《化妆品生产企业卫生许可证》（复印件）相符。

③化妆品经营者在进货时应检查所进化妆品是否具有下列标记或证件。不具备下列标记或证件的化妆品不得进货并销售：

a. 国产化妆品标签或小包装上应有《化妆品生产企业卫生许可证》编号，并具有企业产品出厂检验合格证；

b. 特殊用途化妆品还应具有国务院卫生行政部门颁发的批准文号；

c. 进口化妆品应具有国务院卫生行政部门批准文件（复印件）；

d. 出售散装化妆品应注意清洁卫生、防止污染。

（5）第三十二条规定，对化妆品经营者实行不定期检查，重点检查经营单位执行《条例》和本《实施细则》第三十一条规定的情况。

每年对辖区内化妆品批发部门巡回监督每户至少一次；每二年对辖区内化妆品零售者巡回监督每户至少一次。

检查结果定期逐级上报上一级卫生行政部门及化妆品卫生监督检验机构，并抄送经营单位主管部门。

对化妆品批发部门及零售者的巡回监督一般不采样检测。当经营者销售的化妆品引起人体不良反应或其他特殊原因，县级以上卫生行政部门可以组织对经营者销售的化妆品的卫生质量进行采样检测。县级、地市级卫生行政部门组织采样检测的，应将计划报上一级卫生行政部门批准后执行。

（6）第四十五条规定，化妆品经营单位有下列行为之一者，处以警告的处罚，并可同时责令其限期改进：

①具有违反《条例》第十三条第一款第（二）项、第（三）项规定之一的行为者；

②涂改进口化妆品卫生审查批件或批准文号者；

③拒绝卫生监督者。

（7）第四十六条规定，化妆品经营单位有下列行为之一者，处以停止经营化妆品30天以内的处罚，并可以处没收违法所得及违法所得2到3倍的罚款的处罚：

①经警告处罚，责令限期改进后仍无改进者；

②具有违反《条例》第十三条第一款第（一）项、第（四）项、第（五）项规定之一的行为者；

③经营单位转让、伪造、倒卖特殊用途化妆品批准文号者。

（8）第四十八条规定，化妆品经营单位转让、伪造、倒卖进口化妆品生产审查批件或批准文号者，处以没收违法所得及违法所得二到三倍的罚款的处罚，并可以撤销进口化妆品批准文号。

第二节　化妆品经营单位日常监督主要内容

一、产品批准文件的合法性

（1）所经营的国产化妆品是否由取得有效的《化妆品生产企业卫生许可证》的企业生产。

（2）国产特殊用途化妆品是否取得“国产特殊用途化妆品批准文号”。

（3）进口非特殊用途化妆品是否取得“进口非特殊用途化妆品备案凭证”（查看复印件）；进口特殊用途化妆品是否取得“进口特殊用途化妆品卫生许可批件”（查看复印件）。

（4）经营的进口化妆品是否在卫生许可批件或备案凭证有效期内入境。

（5）进口化妆品是否经过检验检疫部门检验。

二、标签标识

（1）所经营的化妆品是否有质量合格标记。

（2）产品名称是否符合《化妆品命名规定》《消费品使用说明化妆品通用标签》及其他化妆品标签标识管理相关规定。

（3）国产化妆品是否标明生产企业的名称和地址；进口化妆品标明原产国名或地区名、经销商、进口商、在华代理商的名称和地址。

（4）产品是否标注生产日期和保质期，或者标注生产批号和限期使用日期。

（5）国产化妆品是否标明生产企业的卫生许可证编号。

（6）特殊用途化妆品是否标示批准文号；进口非特殊用途化妆品是否标示备案文号。

三、进货查验制度

检查化妆品经营企业是否执行化妆品进货查验制度；是否索取供货企业的

相关合法性证件材料；是否建立供货企业档案；是否建立购货台账。

四、产品保质期

抽查化妆品是否超过保质期。

五、销售产品贮存条件

（1）检查化妆品经营企业经营场所和仓库是否保持内外整洁；是否有通风、防尘、防潮、防虫、防鼠等设施；散装和供顾客试用的化妆品是否有防污染设施。

（2）是否按规定的储存条件储存化妆品。

六、广告宣传

（1）所经营的化妆品是否宣传疗效；所经营的化妆品是否使用医疗术语；所经营的化妆品是否标注有适应症。

（2）所经营的化妆品是否存在虚假或夸大宣传。

（3）检查店内宣传资料是否存在宣称预防、治疗疾病功能等违规行为。

七、其他方面

是否有自制化妆品等违法行为。

按照《化妆品卫生监督条例》及其实施细则的规定，可以对经营单位产品进行抽检，检查产品是否符合《化妆品安全技术规范》的规定。可以根据化妆品安全风险监测计划，抽样检测化妆品风险物质。

第三节　化妆品经营监督程序

一、检查人员

（1）现场检查人员至少2名，对所承担的检查负责。

（2）检查人员应符合以下要求：

①遵纪守法，廉洁正派，实事求是；

②熟悉并掌握国家有关化妆品监督管理的法律、法规、规章和相关规定；

③熟悉化妆品经营环节的基本常识；

④具有较强的沟通和理解能力，在检查中能够正确表达检查要求，较准确理解对方所表达的意见；

⑤具有较强的分析和判断能力，对检查中发现的问题能够客观分析，并做出正确判断。

（3）注意事项

①尊重企业权利，遇到争议问题要认真听取其陈述，允许其申辩；

②对企业秘密应予保密，如非取证需要，不得复制企业文件；

③廉洁自律。

二、检查计划及准备

（1）实施监督检查前，应当制订检查方案，检查方案包括检查目的、检查范围、检查方式（如事先通知或事先不通知）、检查重点、检查时间、检查分工、检查进度等。

（2）准备《现场检查笔录》《现场监督检查意见书》等相关检查文书，以及必要的现场记录设备。

（3）根据既往检查情况，了解企业近期经营状况。

三、实施检查

（1）进入企业现场后，首先向企业出示行政执法证件，告知企业检查目的，介绍检查组成员、检查依据、检查内容、检查流程及检查纪律，确定企业的检查陪同人员。与企业相关人员交流，了解产品近期经营状况及质量体系运行、人员变化情况。

（2）在企业相关人员陪同下，分别对企业保存的文字资料、经营现场进行检查。

（3）检查过程中，对于检查的内容尤其是发现的问题应随时记录，并与企业相关人员进行确认。必要时，可进行产品抽样或对有关情况进行证据留存（如资料复印件、影视图像等）。

(4) 现场检查流程图如下。

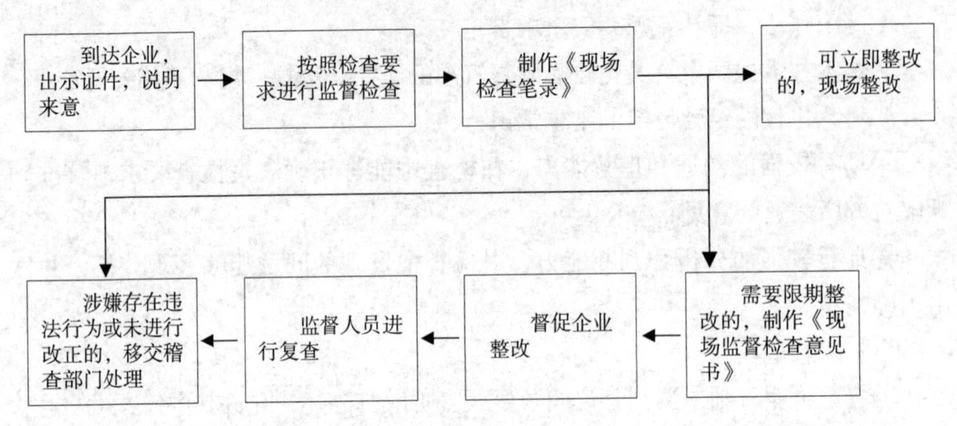

四、主要检查方式

(一) 听取汇报

(1) 积极主动与企业沟通，通过企业和产品经营情况，分析判断企业经营中是否存在问题、存在哪方面问题、当前急需解决哪些问题。

(2) 对于现场检查中发现的问题，应告知企业整改，并确定整改要求和时限。

(二) 文件检查

检查各项记录间的可追溯性，判断能否根据各项记录的相互关系，完成产品经营的质量追溯。

(三) 现场检查

查看经营现场布局是否合理，库房卫生是否符合要求；经营产品与记录或文件是否一致。

五、监督措施

(1) 检查结束后，检查人员可要求企业人员回避，汇总检查情况，核对检查中发现的问题，讨论检查意见。遇到特殊情况时，应及时向主管领导汇报。

(2) 与企业沟通，核实检查中发现的问题，通报检查情况。经确认，填写

《现场检查笔录》。笔录应全面、真实、客观地反映现场检查情况，并具有可追溯性（符合规定的项目与不符合规定的项目均应记录）。

（3）对发现的不合格项目，能立即整改的，应当监督企业当场整改。不能立即整改的，监督人员应下达《现场监督检查意见书》，根据企业生产管理情况，责令限期整改，并跟踪复查。逾期不整改或整改后仍不符合要求的，应当进行查处。

对风险监测发现的化妆品安全风险，应当根据风险分析的有关要求，报请风险评估。

（4）对发现涉嫌存在违法行为的，应当依法查处。

（5）要求企业负责人在《现场检查笔录》《现场监督检查意见书》上签字确认，拒绝签字或由于企业原因无法实施检查的，应由至少 2 名检查人员在检查记录中注明情况并签字确认。

（6）监督检查的原始资料，由实施检查的部门指定专人负责整理、建档和保管。

第四节　化妆品经营单位违法责任

一、进口（销售）未经批准（检验）的进口化妆品

1. 违反的条款

《条例》第十五条、第十六条第一款,《细则》第三十一条第（三）项第 2 目。

2. 处罚

（1）没收产品及违法所得；

（2）处以违法所得 3 到 5 倍的罚款。

3. 处罚依据

《条例》第二十六条第一款。

二、销售不符合国家《化妆品卫生标准》的化妆品

1. 违反的条款

《条例》第二十七条。

2. 处罚

（1）没收产品及违法所得；

（2）处以违法所得3到5倍的罚款。

3. 处罚依据

《条例》第二十七条。

三、销售未取得《化妆品生产企业卫生许可证》的企业所生产的化妆品

1. 违反的条款

《条例》第十三条第（一）项。

2. 处罚

（1）警告；

（2）责令限期改进；

（3）没收违法所得，并且可以处违法所得2到3倍的罚款；

（4）情节严重的，责令其停止经营。

3. 处罚依据

《条例》第二十八条,《细则》第四十六条第一款第（一）、（三）项。

四、销售无质量合格标记的化妆品

1. 违反的条款

《条例》第十三条第（二）项。

2. 处罚

（1）警告；

（2）责令限期改进；

（3）没收违法所得，并且可以处违法所得2到3倍的罚款；

（4）情节严重的，责令其停止经营。

3. 处罚依据

依据《条例》第二十八条,《细则》第四十五条第（三）项、第四十六条第

一款第（一）项。

五、销售标签不符合规定的化妆品

1. 违反的条款

《条例》第十三条第（三）项，《细则》第三十一条第（二）项、第（三）项第1目。

2. 处罚

（1）警告；

（2）责令限期改进；

（3）没收违法所得，并且可以处违法所得2到3倍的罚款；

（4）情节严重的，责令其停止经营。

3. 处罚依据

依据《条例》第二十八条，《细则》第四十五条第（三）项、第四十六条第一款第（一）项。

六、销售未取得批准文号的特殊用途化妆品

1. 违反的条款

《条例》第十三条第（四）项。

2. 处罚

（1）警告；

（2）责令限期改进；

（3）没收违法所得，并且可以处违法所得2到3倍的罚款；

（4）情节严重的，责令其停止经营。

3. 处罚依据

依据《条例》第二十八条，《细则》第四十六条第一款第（一）（三）项。

七、销售超过使用期限的化妆品

1. 违反的条款

《条例》第十三条第（五）项。

2. 处罚

（1）警告；

（2）责令限期改进；

（3）没收违法所得，并且可以处违法所得 2 到 3 倍的罚款；

（4）情节严重的，责令其停止经营。

3. 处罚依据

依据《条例》第二十八条,《细则》第四十六条第一款第（一）、（三）项。

八、涂改《进口化妆品卫生审查批件》

1. 违反的条款

违反《细则》第十八、二十五条。

2. 处罚

（1）警告；

（2）停产或停止经营化妆品 30 天；

（3）对经营单位可以处没收违法所得及违法所得 2 到 3 倍的罚款。

3. 处罚依据

依据《细则》第四十五条第（四）、（五）、（六）项，第四十六条第一款第（一）、（四）项，第四十七条第（一）项。

九、转让、伪造、盗卖《进口化妆品卫生审查批件》《进口化妆品卫生批准文号》

1. 违反的条款

《细则》第四十六条第（四）项、第四十八条。

2. 处罚

（1）停止经营化妆品 30 天；

（2）处没收违法所得及违法所得 2 到 3 倍的罚款；

（3）撤销特殊用途化妆品批准文号或进口化妆品批准文号。

3. 处罚依据

依据《细则》第四十六条第（四）项、第四十八条。

重点法规解读篇

第八章　我国现行的化妆品监督管理法规

化妆品监督管理法规体系还不够健全，主要包括法规、部门规章、规范性文件和技术标准等。

一、法规

目前实施的法规为国务院 1989 年 9 月 26 日批准，1990 年 1 月 1 日起实施的《化妆品卫生监督条例》。

二、部门规章

主要有《化妆品卫生监督条例实施细则》(1991 年 3 月 27 日卫生部令第 13 号)，国家质量监督检验检疫总局《进出口化妆品检验检疫监督管理办法》(总局令第 143 号)、《化妆品标识管理规定》(2007 年 7 月 24 日国家质量监督检验检疫总局第 100 号令)、《化妆品广告管理办法》(1993 年 7 月 13 日国家工商行政管理局令第 12 号)。

三、规范性文件

主要有《化妆品卫生规范》(2007 年版)(卫监督发〔2007〕1 号)、《关于印发化妆品行政许可申报受理规定的通知》(国食药监许〔2009〕856 号)、《关于印发化妆品命名规定和命名指南的通知》(国食药监许〔2010〕72 号)、《关于印发化妆品行政许可检验管理办法的通知》(国食药监许〔2010〕82 号)、《关于印发化妆品生产经营日常监督现场检查工作指南的通知》(国食药监许〔2010〕89 号)、《关于印发化妆品技术审评要点和化妆品技术审评指南的通知》(国食药监许〔2010〕393 号)、《关于印发国际化妆品原料标准中文名称和目录(2010 年版)的通知》(国食药监许〔2010〕479 号)、《关于印发国产非特殊用途化妆品备案管理办法的通知》(国食药监许〔2011〕181 号)、《关于印发化妆品新原料申报与审评指南的通知》(国食药监许〔2011〕207号)等。

四、技术标准

技术标准可分为通用基础标准、卫生标准、方法标准、产品标准和原料标准几大类。

(1)通用基础标准：如《消费品使用说明　化妆品通用标签》(GB 5296.3—2008)、《化妆品分类》(GB/T 18670—2002)、《限制商品过度包装要求　食品和化妆品》(GB 23350—2009)、《化妆品检验规则》(QB/T 1684—2005)、《化妆品产品包装外观要求》(QB/T 1685—2006)等。

(2)卫生标准：如《化妆品卫生标准》(GB 7916—1987)、《化妆品安全性评价程序和方法》(GB 7919—1987)、《化妆品皮肤病诊断标准及处理原则》系列标准等。

(3)方法标准：如《化妆品卫生化学标准检验方法》系列标准(GB/T 7917—1987)、《化妆品微生物标准检验方法》系列标准(GB 7918—1987)、《化妆品通用检验方法》系列标准(GB/T 13531—2008)、《化妆品皮肤病诊断标准及处理原则　总则》(GB 17149.1—1997)、《化妆品中四十一种糖皮质激素的测定　液相色谱/串联质谱法和薄层层析法》(GB/T 24800.2—2009)、《化妆品中十九种香料的测定　气相色谱—质谱法》(GB/T 24800.10—2009)等。

(4)产品标准：如《发用摩丝》(QB 1643—1998)、《洗面奶(膏)》(QB/T 1645—2004)、《润肤膏霜》(QB/T 1857—2004)、《香水、古龙水》(QB/T 1858—2004)、《香粉、爽身粉、痱子粉》(QB/T 1859—2004)、《发油》(QB/T 1862—1993)、《洗发液(膏)》(QB/T 1974—2004)、《护发素》(QB/T 1975—2004)、《化妆粉块》(QB/T 1976—2004)、《定型发胶》(QB 1644—1998)、《唇膏》(QB/T 1977—2004)、《染发剂》(QB/T 1978—2004)、《沐浴剂》(QB 1994—2004)、《发乳》(QB/T 2284—1997)、《头发用冷烫液》(QB/T 2285—1997)、《润肤乳液》(QB 2286—1997)、《指甲油》(QB/T 2287—1997)、《洗手液》(QB 2654—2004)、《化妆水》(QB/ T 2660—2004)、《浴盐》(QB/T 2744—2005)、《发用啫喱(水)》(QB/T 2873—2007)、《护肤啫喱》(QB/T 2874—2007)、《面膜》(QB/T 2872—2007)等。

(5)原料标准：如《化妆品用芦荟汁、粉》(QB/T 2488—2006)等。

第九章 《化妆品卫生监督条例》修订工作

随着经济社会的发展，化妆品行业迅速成长。与此同时，公众对化妆品安全的需求不断提升，现行的化妆品监管法规已经不能完全适应公众需求和监管需要。为规范化妆品生产经营活动，加强化妆品监督管理，保证化妆品质量安全,《化妆品卫生监督条例》(修订)列入了2013年、2014年、2015年国务院立法工作计划项目。国家食品药品监督管理总局(以下简称总局)经过认真研究，深入论证，广泛调研，反复修改，完成了《化妆品监督管理条例(修订草案送审稿)》(以下简称送审稿)起草工作。

一、修订的必要性

现行《化妆品卫生监督条例》(以下简称《条例》)1989年发布，1990年实施。实施25年来《条例》在规范化妆品生产经营行为、加强化妆品监管方面发挥了积极作用。但随着经济社会和化妆品产业的快速发展，化妆品消费需求迅速增长，新原料、新技术层出不穷，现行《条例》已不能适应需要，主要问题表现在以下方面。

一是立法理念不适应形势发展需要。现行《条例》重事前审批和政府监管，未能充分发挥市场机制作用，与党中央国务院的新要求不适应，与产业提升需求不一致，也与国际趋势不协调。化妆品作为时尚产品，除卫生和理化指标外，其正常使用性能、实际功效等均与消费者密切相关；随着科学技术的发展，包括纳米材料在内的新原料的使用对人体健康可能产生的影响也需进一步评估，传统的“卫生监督”的理念也已不能满足保障消费者健康的需要。

二是管理手段难以满足实际需求。现行《条例》中规定的监管手段相对匮乏，法律责任比较粗放，对违法行为的打击力度较弱，没有建立以企业为主体，以产品原料和功效宣称管理、生产过程的生产质量管理规范(GMP)要求、经营过程的可追溯性为核心的风险管理制度，缺乏行业自律要求和社会参与渠道，难以适应规范化妆品生产经营秩序的实际需要。

三是监管体制滞后于改革实际。2008年和2013年两次政府机构改革，国务院分别将卫生行政部门的化妆品卫生监督职能和质量监督部门的化妆品生产行政许可、强制检验职能划转到食品药品监管部门，由食品药品监管部门对化妆品质量、卫生实施统一监管。现行《条例》规定由卫生行政部门对化妆品进行卫生监督的管理体制早已与实际不一致。

二、修订的总体思路

《条例》修订贯彻党的十八大和十八届三中、四中全会精神，落实转变政府职能要求，以问题为导向，以风险管理为基础，以创新为动力，从国情出发，立足化妆品特点和行业实际，借鉴国际经验，注重发挥市场在资源配置中的决定性作用，建立科学、高效的化妆品监督管理体系。《条例》修订的总体思路，一是简政放权，适当减少事先许可，加强事中事后监管；二是分类管理，根据风险程度，科学设计原料、产品和企业分类管理制度；三是完善制度，强化企业主体责任；四是倡导社会共治，充分发挥各个部门和社会各界作用。

三、修订的主要内容

送审稿共 7 章 79 条，包括总则、原料与产品、生产经营、标签与广告、监督管理、法律责任和附则。送审稿落实政府职能转变要求，对于现行的新原料审批、国产特殊用途化妆品审批、首次进口化妆品（包括特殊用途和非特殊用途化妆品）审批、化妆品生产企业卫生许可、化妆品生产许可 5 项行政许可，取消其中的进口非特殊用途化妆品审批，将生产企业卫生许可和生产许可合二为一，缩小新原料和特殊用途化妆品两项行政许可的范围，并按照化妆品研制、生产、经营、上市后管理全生命周期设计了全过程、全要素的管理制度。主要内容如下。

1. 目录管理与审批备案相结合的原料管理制度

原料实行目录管理。参考国际经验，对化妆品原料实行目录管理，由总局分别制定化妆品禁用原料目录、限用原料目录和准用原料目录（第八条）。

新原料实行审批与备案管理相结合。现行《条例》规定所有新原料均应当经过批准后方可使用。送审稿根据风险程度不同，对防腐剂、防晒剂、着色剂、染发剂、美白剂等高风险原料实行审批管理，其他新原料报总局备案即可。同时，明确企业要按照要求定期报告新原料使用及安全状况（第九条、第十条）。

2. 以安全性评价和功效宣称为核心的产品分类管理制度

根据产品安全风险调整普通化妆品和特殊化妆品的名称与范围。考虑到原来的“特殊用途化妆品”“非特殊用途化妆品”名称与按照产品风险分类管理不完全吻合，将其分别修改为“特殊化妆品”和“普通化妆品”。在延续特殊化妆品注册、普通化妆品备案管理的同时，将特殊化妆品由原来的9类减为染发、烫发、美白、防晒以及总局认为其他需要特殊管理的化妆品，育发、脱毛、美乳、健美、除臭等其他5类特殊化妆品，将根据监管需要，予以取消或者转为药品或普通化妆品管理。送审稿规定总局可以根据风险评估情况，对特殊化妆品的范围进行动态调整（第十一条）。

增设安全评估要求。借鉴欧盟做法，强化产品上市前的安全评估，规定申请人、备案人应当开展化妆品安全评估（第十八条）；化妆品注册和备案时必须提交产品安全评估资料（第十三条、第十七条）。

规范功效宣称管理。出于营销的需要，化妆品通常都进行功效宣称，但现行《条例》缺乏相关管理规定。由于化妆品功效宣称与保护消费者权益关系密切，美国、欧盟、日本等发达国家和地区都对此进行严格规范。参考国际经验，送审稿规定，化妆品的功效宣称应当有充分的科学依据，企业对功效宣称负责，并应当将有关文献资料、研究数据或者功效验证材料在指定网站公开，接受社会监督（第四十四条）。

3. 以生产者为主体的质量安全责任制度

目前，化妆品注册管理实行注册证持有人与实际生产者可以分离的制度，产品注册证上注明“生产企业”和“实际生产企业”,“生产企业”是注册证持有人，可以没有生产许可证,“实际生产企业”是产品加工地，须为持有生产许可证的企业。送审稿对此予以确认，并在此基础上对国产化妆品的注册人和备案人不再作资格限定，放宽至自然人和研究机构，并规定产品注册证可以转让（第十六条、第十九条）。同时，明确化妆品生产者以自己的名义将产品投放市场，对产品质量安全承担主体责任（第二十二条），规定生产者在生产行为和质量安全管理（第三十二条）、不良反应监测（第五十三条）、缺陷产品召回（第三十八条）等方面的义务。生产者可以自己取得化妆品生产许可证生产化妆品，也可以委托具有化妆品生产许可证的企业生产化妆品（第二十三条）；生产行为违法或者生产的产品不符合法规要求的，对委托方和受托方均按规定予以处罚（第六十五条）。向我国出口化妆品的境外企业应当由其在我国的代表机构或者指定我国境内的企业法人作为代理人，依法承担相应的化妆品质量安全责任（第十九条）。

4. 以事中事后管理为主的生产经营管理制度

以生产许可证和GMP为抓手加强生产管理。一是落实总局“三定”规定，将原质量监督部门发放的化妆品生产许可证与原食品药品监管部门发放的化妆品生产企业卫生许可证整合为化妆品生产许可证（第二十三条）。二是确定化妆品生产质量管理规范的法律地位，替代原卫生部制定的《化妆品生产企业卫生规范》（第二十六条）。GMP的具体内容与卫生规范基本一致，但将重点提高企业管理、过程控制等“软件”要求。三是强化生产环节相关责任人的责任，明确要求生产企业指定质量安全负责人负责产品质量安全管理和产品出厂放行工作（第二十九条）。四是严格企业自我管理义务，要求建立GMP执行情况年度自查报告制度，生产条件不再符合GMP要求的，应当立即采取整改措施（第三十一条）。

以可追溯为重点加强经营管理。规定经营者的进货查验、索证索票、妥善贮存运输等义务，保证监管链条完整和产品可追溯，对集中交易市场开办者、网络交易第三方平台提供者提出具体要求（第三十四条至第三十七条），并将经营服务中使用化妆品或者为消费者提供化妆品的美容美发机构、宾馆等纳入经营者进行管理（第三十三条），形成监管全覆盖。

以风险评估为依托完善上市后管理。完善不良反应监测制度（第五十三条、第五十四条），建立不符合要求产品不予延续注册（第十六条）等产品退出机制，增设缺陷产品召回、质量安全事故应急处置等风险控制措施（第三十八条、第三十九条、第五十五条）。

5. 以强化检查抽验为主，多种措施并举构建完备的监督管理制度

一是强化监督检查职权，规范监督检查措施、要求和结果处理（第四十六条至第四十八条），明确对境外生产企业的现场检查职权（第五十六条）。二是完善监督抽检制度（第四十九条至第五十二条）。三是加强信息公开和信用监管（第五十七条）。四是加强社会共治，发挥行业协会自律、社会共同监督、有奖举报和专家咨询制度作用，提高监管实效（第六条、第七条、第五十八条、第五十九条）。

6. 权威性和可操作性并重的法律责任制度

一是加大对生产经营者违法行为的处罚力度，对构成犯罪的行为，依法追究刑事责任，同时给予行政处罚（第六十条）；将罚款基数由违法所得调整为货值金额，并规定了最低罚款额度。二是法律责任设置全面涵盖各种违法情形，规范执法自由裁量权。三是丰富处罚种类，设置了对违法生产经营者、检验机构以及相关责任人员的资质处罚。四是完善处罚制度，生产企业有违法行为的，除对企业进行处罚外，对企业负责人、质量安全负责人、安全评估人员等负有责任的自然人可以处以罚款（第六十二条至第六十四条、第六十六条），对委托生产的违法行为实行委托方、受托方双罚（第六十五条），对经营者在化妆品质量安全管理中未违反条例规定的，设置了免责条款（第七十条）。

四、重点问题说明

1. 化妆品定义中是否包含口腔护理用品

化妆品监管职能调整前，质检总局将牙膏作为化妆品纳入工业产品生产许可证和进出口检验管理。牙膏等口腔护理用品的主要使用目的是清洁和美化，符合化妆品的定义，美国、欧盟、日本等国家和地区均将口腔护理用品纳入化妆品管理。为保持工作衔接，并参考国际惯例,《条例》修订时明确化妆品定义包含口腔护理用品。征求意见过程中，部分行业组织以及相关生产企业对此提出了反对意见，理由：一是口腔护理用品的相关标准和行业管理规范都比较成熟，近年来一直发展良好；二是目前国家对口腔护理用品并不实行注册或者备案管理，产品只要符合相关规定就可以自由进入市场；三是牙膏等产品一直允许宣称防龋、抑菌等医疗术语，原卫生部还颁布了一系列牙膏功效评价标准，许多国产牙膏配方中含有中草药。这些方面均与化妆品的管理方式不完全一致。

送审稿明确将口腔护理用品纳入化妆品范畴（第三条）。但考虑到牙膏等产品的特点，在对其功效宣称予以规范的同时，还应保留适度的灵活性。这将在后续的具体政策制定中予以体现。

2. 标签管理

有意见认为应当禁止进口产品以加贴方式标注中文标签。主要理由：一是不法经营者通过加贴、修改等方式非法更改产品保质期等现象比较突出；二是国内外对化妆品标签要求不完全一样，可能出现外文标注内容与中文标注内容不一致（如我国规定防晒指数最高标注为30，但在有些国家和地区允许标注为50；部分进口产品原包装上含有“医”“药”等我国法规禁止标注的内容），易误导消费者，有的还存在一定安全隐患。对此，外资企业反应比较强烈，认为是设置贸易壁垒，增加了企业负担。

目前，国际上还没有国家明文禁止进口化妆品加贴标签。参考国际惯例，送审稿未禁止进口产品加贴标签，但对标签加贴行为和内容做出规范，规定化妆品最小销售单元以及直接接触化妆品的包装上应当有标签；进口化妆品在外文标签上加贴中文标签的，其加贴过程应当符合化妆品生产质量管理规范的要求，并在产品注册或者备案资料中做出说明；标签应当使用规范汉字，同时采用其他文字的，标注内容应与规范汉字标注内容保持一致（第四十一条）。

2016年10月，总局召开化妆品立法与监管国际研讨会，邀请来自欧盟、国际标准化组织的化妆品专家进行讨论交流。国务院法制办教科文卫司，总局药化注册司、稽查局、中检院、中保委，以及各省、自治区、直辖市食品药品监督管理局负责法制和化妆品监管的同志参加了研讨会。希望借鉴国际化妆品立法和监管经验，为《化妆品卫生监督条例》修订提供参考。目前，《化妆品卫生监督条例》修订工作，正在有序推进过程中。

参考文献

[1]秦钰慧.化妆品管理及安全性和功效性评价.北京：化学工业出版社，2007

[2]刘玮，张怀亮.皮肤科学与化妆品功效评价.北京：化学工业出版社，2005

[3]董银卯.化妆品配方设计与生产工艺.北京：中国纺织出版社，2007

[4]董银卯.化妆品配方工艺手册[M].北京：化学工业出版社，2005

[5]王培义.化妆品－原理.配方.生产工艺[M].北京：化学工业出版社，2006

[6]刘纲勇.化妆品原料，广东食品药品职业学院自编教材，2010

[7]刘纲勇.化妆品配方设计与制备工艺，广东食品药品职业学院自编教材，2011

[8]秦钰慧.化妆品管理及安全性和功效性评价[M].北京：化学工业出版社，2007

[9]消费品科学委员会(SCCP)针对化妆品成分检测及其安全性评估指南的说明，第六次修订

[10]GB/T 27578-2011，化妆品名词术语